U0719553

年轻人要懂点生活心理

Nian Qing Ren Yao Dong Dian Sheng Huo Xin Li

○ 徐琳琅 编著

天津科学技术出版社

图书在版编目（CIP）数据

年轻人要懂点生活心理 / 徐琳琅编著.—天津

天津科学技术出版社，2011.5

ISBN 978-7-5308-6348-0

Ⅰ.①年… Ⅱ.①徐… Ⅲ.①心理学–青年读物

Ⅳ.①B84-49

中国版本图书馆 CIP 数据核字（2011）第 086722 号

责任编辑：范朝辉

助理编辑：郝建楠

责任印制：王　莹

天津科学技术出版社出版

出版人：蔡　颢

天津市西康路 35 号　邮编 300051

电话（022）23332390（编辑部）23332393（发行部）

网址：www.tjkjcbs.com.cn

新华书店经销

天津新华印刷三厂印刷

开本 710×1000 1/16 印张 15 字数 162 000

2011 年 5 月第 1 版第 1 次印刷

定价：29.00 元

前言 *Preface*

　　罗曼·罗兰曾经说过："人类的一切生活，其实都是心理生活。"日常生活中，我们的一言一行、一举一动，无不处在心理的支配之下。心理学被誉为"灵魂的科学"。在当今社会，心理学的地位更是不言而喻。

　　初入社会的年轻人，面对这个纷繁复杂的社会，总是一副忐忑又兴奋的模样。忐忑是因为未知而畏惧，兴奋是因为面对未知而跃跃欲试。我们褪去了学生时代的稚气，准备迎接一个全新的世界。在全新的世界里等待我们的，既有曾经豪情万丈的人生理想，也有我们的情感归宿。

　　我们会在这个曾经一直企盼进入的世界中如鱼得水吗？我们会遇到曾经梦想的情感依托吗？我们遇到了挫折是否可以安然渡过？我们的未来究竟会是怎样？这一切的一切，让人充满期待。

在期待中，我们需要练就的，是用坚强的意志与饱满的精神状态来与生活中不期而遇的种种挫折相抗衡的能力，而这种抗衡能力，是一种智慧和勇气。

生活需要智慧，前行需要勇气。这个让人眼花缭乱的大千世界，我们该怎样去面对？"世事洞明皆学问，人情练达即文章"。生活的复杂往往会让我们感到彷徨与无措，拥有为人处世的智慧，才能从容应对生活中的一切挑战。有智慧，有勇气，才能有力量，才能帮助自己成长。

无论是人际交往中的学问，还是求职生涯中的难题，无论是衣食住行的经济基础，还是精神世界的上层建筑，在林林总总的社会现象中，生活心理学都为我们写下了答案。我们需要做的，就是去试着打开心理学这层神秘的面纱，从而领略到科学与生活的乐趣。

目　录
Contents

第4章 *Chapter Four*

掌握求职心理学，为职业生涯开个好头

第5章 *Chapter Five*

职场心理学助你左右逢源

第6章 *Chapter Six*

理财心理学帮你理好人生第一笔财富

第7章 *Chapter Seven*

甜蜜恋爱也要有点"小心理"

第 1 章

Chapter One

转变性格，塑造成熟心理

初入社会的年轻人，面对着纷繁复杂的万千事态，拥有成熟的心理至关重要。因为只有心理成熟的人，才能在不断地磨炼中摒弃曾经的幼稚，从而坦然面对人生中的种种遭遇。

学会自控，避免情绪化

情绪是一把双刃剑，它既能助你功成名就，又能使你一败涂地。而情绪化则是一个地道的"杀手"，它只会让你陷入苦恼与尴尬的境地。因此，聪明的人永远只会让思想控制自己的情绪，而决不允许情绪左右自己的思想。

俗话说"人非草木，孰能无情"，情绪是每个人与生俱来的，它是一个人的心理状态的外在反映，是人对事物的态度和体验。每个人都会有各种各样的情绪：愉快的、愤怒的、恐惧的，等等，这其实无可厚非。但若一个人每天都是情绪化的，那么危害将是不言而喻的。

情绪化与情绪的区别在于：每个人都有丰富多彩的情绪，而情绪化则不是每个人都"具备"的。这就是为什么悲伤每人都会经历，但有些人的悲伤总能被人看到，而有些人看起来却总是开心的，似乎不知悲伤为何物。

显然，情绪化是一种不够成熟的表现。试想，如果一个人只因为某天在公车上感觉到拥挤不堪就情绪不佳，然后带着糟糕的情绪走进办公室，那么恐怕他一天都不会开心，其与同事的沟通、对工作的完成也都会产生不良影响。总让情绪左右自己的状态，这明显是一种幼稚的表现。

素有"乱世奸雄"之称的曹操一向足智多谋，却也曾因一时情绪化而败走赤壁，留下"以多负少"的战场败笔。

三国时期，曹操基本统一北方之后，"挟天子以令诸侯"，以讨伐"反贼"的名义，于建安十三年七月出兵十多万人南征荆州，欲统一南北。孙权、刘备联军，在长江赤壁一带与曹操对峙。曹操所率领的北方军队不熟悉水战，幸亏有荆州降将蔡瑁、张允做他们的水军都督。这二人久居江东，深谙水战之法，曹操颇为重视。周瑜一方深为忌讳此二人，很想除掉他们，却苦于没有机会下手。恰逢周瑜旧时同窗蒋干过江而来，劝说周瑜投降。周瑜趁机施反间计，借"梦话"说出蔡、张二人为自己的同谋，还故意让蒋干偷走模仿蔡、张笔迹写的"密信"。

蒋干智谋不足，对周瑜的醉言醉语和偷来的书信深信不疑，回到军营便向曹操告发蔡瑁、张允二人。一向多疑的曹操此时狂怒不已，当即下令斩了二人。等到人头落地后，曹操才明白中了周瑜的计，而这时悔之已晚。没有了熟悉水战的将领，这一战曹操不仅损失了大部分人马，连他自己也差点命丧黄泉。

由此可见，情绪化的危害是不可小觑的。在日常生活和工作中，不懂得控制自己情绪的人，往往是不能取得大成就的。综观日常生活、职场甚至政界，有所成就的人通常都是泰然自若、处惊不变的，我们很少看到某个功成名就的人，在生活或工作中总是表现出烦躁、愤怒的情绪。

情绪化的具体表现是：总是为了一点小小的成就或喜事就狂喜万

分，也总是因为微小的不愉快或逆境就沮丧、愤怒。范仲淹在《岳阳楼记》中说的"不以物喜，不以己悲"是一种超凡脱俗的境界，若用来局限所有人，则未免过于压抑自己的情感；而罗贯中形容刘备的"喜怒不形于色"，或许对我们更具现实指导意义。太过于将自己的情感外露的人，或者说易受情绪左右的人，通常是十分敏感的，他们易激动、易愤怒、易低落，总是觉得生活有这样或那样的不如意，觉得生活的一切都不受自己掌控。其实，这些人悲观或愤怒的根源并非不能掌控生活，而是不会控制自己的情绪。

妍妍的父母在北京工作，过春节时，父母将爷爷奶奶由农村接到了北京。元宵节那天，最爱吃汤圆的妍妍兴冲冲地跑到超市买了两大包汤圆，撒娇地让奶奶煮给自己吃。因为妍妍记得，奶奶煮的汤圆最好吃了。

可是，在家用惯了煤气灶的奶奶，很难熟悉新式电磁炉的用法，一锅汤圆没煮熟就端上来了。妍妍只看了一眼，就撅着嘴嚷道："这是什么啊，都还没煮熟呢，让人怎么吃啊？还不如我自己煮呢！"说着将碗推到了一边。

已经八十岁高龄的奶奶没有说什么，将汤圆倒回锅里，又重新去煮了。正在看电视的父母，听见妍妍的抱怨，不由得对这个已经大学毕业的女儿发起愁来。

仅仅为了"汤圆没有煮熟"这件芝麻大的小事，已经二十几岁的妍妍还会对着八十岁高龄的奶奶发脾气，这种不懂事且完全没有自控能力的表现，确实令人担忧。在家中，家人能够包容妍妍的这种行为；但她将来步入社会、走入职场，就没有人愿意像宠公主一样对她包容、忍让了。到时迎接妍妍的，恐怕轻则是疏远、不屑，重则是恶语相加、伺机报复了。

心灵鸡汤

　　懂得控制自己情绪的人，大多是生活的智者。只有不明智的人，才会让情绪牵着自己的鼻子走。学会驾驭自己的情绪，对于我们走好人生之路、赢得事业成功都至关重要。遇事能够以理智判断对错、以理智克服情感，是我们要努力达到的最健康的情绪状态。

善于发掘事物积极的一面

悲观消极的人，他的眼睛是灰色的，即使世界再美丽，在他看来也是灰暗的；乐观积极的人，他的眼睛是明亮的，就算世界不那么光明，在他看来仍是鲜明亮丽的。消极是将孤独、冷漠、恐惧堆在身上的恶魔，而积极则是把快乐、热情、幸福送到身旁的天使。

有人曾将世界上的人分为两种人，但不是男人和女人，也不是好人和坏人，而是消极的人和积极的人，这两种人没有贫贱富贵之分。大凡积极的人，即使生活在水深火热之中，依然能够保持乐观、坦然的心态，他眼中的世界似乎永远是美好的；而那些消极的人，就算身处万千宠爱之中，也仍会觉得世界仿佛欠缺了什么，过着杞人忧天的生活。大部分消极的人都处于生活的底端并且始终在原地踏步，因为在他们眼中，未来是模糊的，所以他们没有足够的信心去努力，也因此会由失望而更消极，由消极而更失望，如此恶性循环。

明明、鑫鑫和帆帆在同一个学校上高中，三人十分要好，经常聚在一起聊天、玩乐。三人同样喜欢乐器，而唯一坚持学习的却只有鑫鑫一人。这是因为鑫鑫家中比较富裕，能够买得起昂贵的钢琴、请得起费用不菲的音乐老师，而明明和帆帆虽然也十分喜欢，却苦于家中条件不足，而无法满足愿望。

高中毕业后，鑫鑫考上了外省的音乐学院，明明和帆帆则相约考入了本地同一所大学，学习法律专业。闲来无事时，明明和帆帆一起到外面找了一份家教工作，赚起了外快。半年后，两人都有了一点小积蓄。帆帆提议俩人合伙买一把电吉他，然后用剩下的钱买一些资料，从现在开始学习乐器。明明虽然也很想学，但他认为学乐器就要像鑫鑫一样从小"磨"起，现在已经太晚了，于是他拒绝了帆帆的邀请。而帆帆则认为，只要自己喜欢，什么时候练习都不算晚。帆帆用自己所有的钱买下了吉他，然后从网上找了许多教程资料，开始不断地学习，遇到不懂的地方，就打电话向鑫鑫请教。

四年后，鑫鑫从外省回来，帆帆已经学有所成，他们另外邀请了一位鼓手组起了乐队。有了乐队，帆帆也越学越起劲，渐渐地几乎和学了十几年的人有差不多的水平了。而明明依然一无所成。

积极的人总是阳光、健康的，他们心中永远充满了希望，即使处于生活的底端，也能努力取得成功；消极的人则似乎永远都有愁苦、失望相伴，他们对生活毫无希望，而且不懂得拼搏奋进，等待他们的，多半只有无穷无尽的下坡路。

心理学家曾经做过一个名为"认知测试"的试验。他们找来平时表现比较积极和相对消极的人各十名，先是请他们眼睛向下看，然后再转而向上看。结果心理学家发现，当消极者眼睛向下看时，他们的表情比较放松，其他各项测试指标也表现良好；而积极者则在向上看时表现最佳。由此可见，消极者习惯于凡事向下看、向不好的方面想，而积极者则喜欢凡事都向上看、向乐观的一面想。那么，消极、积极孰优孰劣，消极者与积极者谁更容易走向成功，自然不言而喻了。

心态决定心情，消极的人大多不知道快乐是什么感觉，而积极的人则很少知道悲伤为何物。正如英国十九世纪著名史学家卡莱尔所说："青春是最快乐的时光，但这种快乐往往是因为它完全充满着希望。"的确，只有拥有积极健康心态的人，人生才会是快乐的；而终日抱怨、苦恼的人，很难拥有片刻的快乐时光。

有两个年轻人同时因抢劫罪被关进了监狱，因为罪行严重，两人分别被判了八年。面对长长的刑期，两个年轻人都十分沮丧，一时觉得生活没有了希望。但是，慢慢习惯了监狱的生活之后，其中一个年轻人渐渐变得乐观起来，夜晚睡不着时，他总是向另外一个说："你看，外面的星星多美啊，我们出去以后一定要改过自新，好好享受一下外面的世界。"而另一个年轻人却总是回复他："星星再漂亮，也跟我们隔着一道高墙，要想出去看星星，还是等八年以后吧。"

五年后，看星星的年轻人因为干活积极、心态表现良好，被监狱屡次减刑而提前释放了；而另一个只能看到高墙的年轻人，依然守着自己还有三年的刑期，苦苦地在高墙内煎熬。

生活中，我们常常听到一些年轻人在不断地抱怨："假如我当时考上的是名牌大学，我就不至于只做一个不起眼的职员，挣这么少的工资了。""如果我的父亲是比尔·盖茨一样的人物，我就不用抛头露面、处处看人脸色了。"

当然，我们也常听到一些这样的话语："虽然我失去了出国的机会，但我却得到了在这个公司学习、发展的机会，这与出国同样值得庆祝啊。""我好不容易升职了，公司却没几个月就破产了；不过我在现在的公司做得也不错，还是很有发展机会的。"

相比之下，谁会不为后者投上赞赏的一眼呢？谁又会怀疑后者会比前者有更光明的前景、更愉快的人生呢？

心灵鸡汤

凡事都有好坏，生活当然不能尽如人意。懂得换个角度看问题的人，生活就有可能为他开启另一扇窗，即使未必通向星光大道，也必定会将其带入快乐的原野。人生是否快乐，梦想是否能成真，在于我们能否以乐观的心态发掘事物积极的一面。

做事有主见，不被他人左右

　　人最糟糕的是不能掌控自己。做人要稳，要坚守自己的信念和立场。正如爱默生教育我们"要独立思考问题，不要人云亦云"一样，要懂得独立思考，只有懂得独立思考并坚持自己主见的人才是智者，而易听从于他人、人云亦云的人，恐怕一辈子都只能做"芸芸众生"。

　　人生在世几十年，总会遇到各种各样需要抉择的事情，如果你的选择受到所有人的质疑，你怎么办？是不假思索地放弃自我，还是排除万难、坚持己见？

　　作为一个思维正常的人，我们难免会在听到他人的异议时对自己的决定产生一定的怀疑，有时甚至会因此使自己的情绪和决心受挫。这种对待他人意见的反应是十分正常的，同时也是一个人成熟的表现。比如，一个懂事的人不会无视父母的教导，一个出色的领导不会不屑于听取员工的意见。但是，并非他人所有的意见我们都要听从，当你经过认真判断，认定自己的做法正确时，就不能在他人的压力下妥协。真理往往掌握在少数人手中，也许这一刻你还孤立无援，下一分钟你就可能是万人瞩目的权威。

　　一群青蛙正在高塔下玩耍，其中一只青蛙突然说："真想站在塔尖上感受一下，不如我们爬上去玩玩吧。"其他的青蛙听后十分感兴趣，便一致同意了。众青蛙聚在一起向上爬，爬着爬着，其中有一个年老的青蛙说："咱们爬得又渴又累的，为什么还要费劲爬呢？"大家一听，觉得老青蛙说得十分有道理，于是便都停下来不爬了。这时却见一只最小的青蛙还在慢慢地往上爬着，它不顾其他青蛙的嘲笑，只是义无反顾地往塔上爬。过了很久，它竟然真的爬到了塔尖。这时，其他的青蛙不再嘲笑它了，而是从心底里十分佩服它。

　　等小青蛙在上面玩够了，顺着塔尖爬下来时，众青蛙纷纷上前问它，是什么力量支撑着它坚持爬了上去。出乎众青蛙意料的是，这只小青蛙居然是个聋子，它并没有听到大家停止的议论，而是始终顺着自己的方向爬了上去。

　　无论小青蛙是因为什么原因爬到了塔尖，都向我们说明了一个深刻的道理：一个人，只有不被他人的意见左右，坚持自己的主见，才有可能做出一番非凡的事业。

　　当然，有时别人为我们提出意见，是完全为我们着想的，我们应该给予足够的重视。但是，很多时候因为他人与自己看问题的视角和思考问题的方式不同，别人可能无法更深入地了解我们的需要，同时也无法十分准确地给出一个最适合我们自身的选择。这时，如果你还确信自己的选择是正确的，那么就要义无反顾地坚持下去。往往这种坚持己见的行为，最后会助你走上成功之路。

　　索菲亚·罗兰是意大利著名的影星，她1950年从影，至今已拍过60多部电影，她的演技炉火纯青，曾获得1961年度奥斯卡"最佳女演员"奖。虽然那时的索菲亚看起来风光无限，但在成名前，她曾经历过一段鲜为人知的艰难。

　　索菲亚16岁时来到罗马，开始了自己的演艺之路。但是，做演员并不像索菲亚想象的那样简单，首先她的外貌就受到了很多人的质疑：很多人认为索菲亚个子太高、臀部太宽、鼻子太长、嘴太大、下巴太小，无论从哪个角度看，她都不是一个当演员的料，更与一个意大利式的演员相去甚远。但幸运的是，在这种种评论蔓延时，竟有一个制片商——卡洛看中了索菲亚，并带她去试了镜。结果所有的摄影师都抱怨因为索菲亚的容貌，无法将她拍得美艳动人。

　　无奈之下，卡洛建议索菲亚，如果真的想要从事影视演艺这一行，就要把鼻子和臀部动一动，也就是让她去整容。但索菲亚并没有听取卡洛的建议，对其他人的不认可也不予理睬，她说："我为什么要和别人长得一样呢？我知道鼻子是面部的中心，它赋予我面部以性格，我就喜欢我现在的鼻子和脸。至于我的臀部，我只能说它是我的一部分，我只想保持我现在的样子。"索菲亚坚持己见，最终没有向摄影师和其他人的舆论妥协，她拒绝改变容貌，而是希望通过自己的内在气质和精湛的演技来取得演艺事业的胜利。

　　就这样，索菲亚守着自己"倔犟"的主见，在演艺行业一拍就是几十年。直到她成为全世界人们心中的偶像，那些关于"鼻子长、嘴巴大、臀部宽"的评论全部消失了，反而渐渐成了人们追求美的标准之一。而索菲亚本人也在20世纪即将结束时，被评为这个世纪"最美丽的女性"之一，同时获得了"性感女神"的称号。

　　在关于自己容貌的问题上，索菲亚在自传中这样写道："自我从影开始，我就懂得遵循自然，知道什么样的妆扮、发型、衣服和保健方法最适合我。我谁也不模仿，我从不奴隶似的跟着时尚走。我只要

求看上去就是我自己，非我莫属……衣服的原理亦然。"

　　一个人只有在面对选择时坚持自己认为正确的看法，并不盲从于他人的言论与眼光，坚定地走下去，才有可能活出真我，作出真正属于自己的成就。

心 灵 鸡 汤

　　主见来源于个人的信念，一个人只有有足够坚定的信念时，才能在面对人生的选择时不随波逐流、不人云亦云。轻易被他人左右的人，不仅会失去真实的自我，还有可能将自己的生活变得如小舟般飘摇不定。

心态平和，不卑不亢

不卑是一种自信，是在面对强者时仍然能肯定自己的从容；不亢是一种风度，是在面对弱者时也不会骄矜自负的平和。不卑不亢不仅是一种健康的人生状态，也是一种沉着大气的人生境界。

初入社会的年轻人，往往会存在自卑的心理，会对自己评价很低，认为自己不如人，总觉得自己在别人面前没有发言权。于是，他们往往在众人面前羞于开口，甚至惧怕与他人交往。这种自卑心理的产生，通常与多种因素有关，主要是家庭因素、经历因素和经验技能因素等。比如，家中上一代人都属于内向性格、不擅长与人交往或存在自卑心理，那么这样的年轻人往往会因为遗传或者耳濡目染等原因也易形成自卑心理；刚走出校门的大学生，还没有完成从学生到社会人的转变，觉得难以融入社会时，也会产生自卑心理；第一次从事某份工作的人，总觉得自己没有任何经验与技能，在他人面前觉得自己一无是处，自然也会产生自卑心理。

总之，自卑心理产生的外在因素很多，但根源却来自于当事人的内心。如果一个年轻人并不认为这是自己的短处，而能正确地将其视为成长路上必经的阶段，那么就不会在长者、领导面前产生自卑心理，并且能正确认识到，今天再有地位、再有经验的人也经历过自己这样一个一无所知的阶段。这样，就能保持一个健康的心理状态，在与人交往的过程中也就能畅通无阻。

另外，年轻人还容易犯的一个错误就是常喜欢拿自己与别人比，而且总会向上比。虽然这是一种上进的体现，但却容易产生"比上不足"的尴尬，从而使得某些年轻人失去自信。其实，寸有所长，尺有所短，年轻人大可不必拿自己的短处去与别人的长处相比，而是可以反过来想："对方比自己经验多，自己却也比对方多了很多机会与发展空间。"

春秋末年，齐国宰相晏子奉命出使楚国，楚国为了让齐国难堪，就在大门旁边开了一个狗洞，让身材矮小的晏子从狗洞进去。而晏子为了维护国家尊严，坚决不肯从狗洞进，他对接待自己的使官说："只有出使狗国的人，才从狗门进。我现在出使的是楚国，不该从这个门进。"使官只好领他从大门进去会见楚王。

楚王不甘心，当面侮辱晏子道："齐国难道没有人了吗？"暗示晏子相貌丑陋、身份卑微。晏子却毫不自卑，机智地回答说："齐国的临淄有三百个居民区，要是所有人把衣袖举起来，可以组成一道围墙；如果大家甩一下汗水，就像下了一场大雨，怎么能说没有人呢？"楚王说："那为什么派你当使者呢？"晏子回答说："齐国派遣使者会根据出使国的情况而定。贤能的人就派往有贤明君主的国家，那些无能的人则会被派往君主无能的国家。我晏婴最无能，所以出使楚国。"

晏子的精神一直延续到了今天，它教育我们在与人交往时即使受到了对方的恶意攻击，也要保持不自卑、不怯懦的平和态度，这是维护我们尊严最好的方法。

现实生活中，有些年轻人虽然不自卑，但却"自信"得有些过头，常常表现出一副盛气凌人的样子，好像谁都不如自己，也就是我们通常所说的"自负"。这种态度也是不可取的。

自负的人往往对自己评价很高，认为自己比身边的人都强，不承认或者不容许别人比自己优秀。实际上，自负是一种无知的表现，其最主要的表现就是"不自知"。俗语说"自知者明"、"人贵有自知之明"，而自负的人却难以正确定位自己，将自己幻想得过于强大。这样的人虽然自我感觉良好，但实际上身边的人都不愿意与之交往，只不过在表面上不将其揭穿罢了。而这又往往会导致自负的人更加"不自知"，变得更加目中无人，也就更难在交往中赢得别人的喜爱。

从另一方面来讲，自负的人往往觉得自己表现得越张扬，就越能给别人留下自己很有能力的印象，使别人对自己高看一眼。而事实上恰好相反，越是有深度、有地位、有能力的人，往往越不会将自己的成就挂在嘴边，更不会总摆出高人一等的姿态。只有浅薄的人，才会出于没有自信、生怕别人看轻自己的心理，而故意表现得无所不能。我国有一句这样的谚语："浅薄无能的人，比谁都自高自大，他总把自己当成世界上最了不起的人；只有一点点汁液的果实，只能干瘪地高挂在枝头。"

由此看来，要做一个成熟的人，就要保持一种不卑不亢的心态，既不怯懦又不自满，这样才能在与人交往的过程中始终保持从容优雅的仪态，让所有人都乐于亲近。

心灵鸡汤

　　自卑的人怯懦，即使眼前有路也很难迈出前进的步伐；自负的人盲目，常常会在不知不觉中就封死了自己的道路。自卑、自负虽然表现完全不同，却有着同样的负面影响，唯有不卑不亢，才能有路可走，才能勇于上路。

坦然面对人生的
不如意

古代有一种收藏、赠送的"佳品"，叫做"如意"，通常用玉制作而成，因此也叫"玉如意"。这表现了古人希望万事都"如自己所意"的美好愿望，同时也说明了"人生不如意事常八九"的事实。那么，当不如意的事出现时，我们应该如何对待呢？

如果说"人生不如意事常八九"，那么对于刚刚走入社会的年轻人来说，可能就是"不如意之事十分之十"了。二十岁以前，我们大多生活在父母的照料之下，生活在环境单纯的校园之中，即使偶尔有个"好朋友今天突然不理我了"的"不如意"发生，跟步入社会后的"不如意"相比也是小巫见大巫，根本不值得一提。

过了二十岁，年轻人会发现生活有太多不如意的地方：工作不顺心、人际交往难、恋爱不满意……一旦有些小挫折发生，年轻人往往觉得无法适应，从而产生逃避的心理。其实，每个人都会经历很多的挫折，谁都不会一帆风顺，重要的是如何看待这些不顺利，如何在其面前保持坦然，然后将其战胜。

德国天文学家开普勒就是个多灾多难的人，他只在母亲腹中待了七个月便早产而出了。后来，不幸的小开普勒又染上了天花，变成了麻子；之后不久，猩红热又将他的眼睛弄坏了。这些挫折对于常人来说恐怕是难以承受的，但开普勒却没有被这些"不如意"打倒，而是顽强地靠着自己的毅力，在学习上将其他的同学远远地甩在了后面。后来，开普勒的父亲欠了大量的债款，开普勒也因此失去了读书的机会，他便开始自学，并且尝试研究天文学。开普勒的一生经历了多病、良师去世、妻子离世等一连串的打击，这恐怕不仅是"不如意"了。但开普勒却未向命运屈服，他继续坚持研究天文学，终于在他59岁时发现了天体运行的三大定律，成了伟大的天文学家。

由此可见，每个人的生活中都会出现大大小小的"不如意"，但这些"不如意"并不能摧毁一个人。面对"不如意"，只要能做到坦然面对，勇敢克服，那么便能成为生活的勇者。若在"不如意"出现时轻易选择退却，那就只能成为命运的俘虏。

初入社会的年轻人，应该正确认识到，自己不可能一辈子生活在父母的羽翼之下，总要独自面对生活，而且世界上有很多事情是没有办法尽如我意的。因为一个人的力量是十分有限的，有些事情是暂时无法改变的。当我们不能使万事都"尽如我意"时，也不要悲观、放弃，而是要学着保持平和、从容的心态，在挫折面前不轻言低头。只有这样，才能在人生路上有一番作为。

《钢铁是怎样炼成的》这本书曾经感动、激励了几代年轻人，但人们却想象不到它的作者是经历了怎样的厄运才使这样的著作问世。奥斯特洛夫斯基只念过三年小学，整个少年时期几乎全部在战场的枪林弹雨中度过。16岁时，他的腹部与头部严重受伤，右眼失明；20岁时，他又因关节硬化而卧床不起。面对着生命给予的种种残酷的挑战，奥斯特洛夫斯基并没有对生活绝望——他不想躺在残废荣誉军人

的病床上，而是用全部的精力读完了函授大学的
全部课程，并阅读了大量的文学作品。

1932年，奥斯特洛夫斯基历经万难，终于
完成了《钢铁是怎样炼成的》一书的写作。
对此，他欢呼道："生活的大门向我敞开
了！书就是我的战士！"

站着用枪战斗，躺着用笔战斗，死后用书战斗——这就是作为一
个战士和作家的奥斯特洛夫斯基的一生。

奥斯特洛夫斯基的成功，在于他能够坦然面对命运给他的巨大打
击，他深深地懂得：平步青云的事世间少有，人们总是生活在不如意
与不幸当中。大凡今日看起来事业有成的人，在其成功之前总是备尝
痛苦，被冷落甚至被歧视。真正有自己的理想并有坚定意志的人，不
会被生活的不如意轻易打倒，他们能够将人生的不如意化为自己前进
的动力，在成功的路上勇往直前。

不如意就像空气，在我们的生活中无处不在——我们要为生活
劳碌奔波，我们有时明明做对了却被误会，我们有时努力了但始终
没有成功……这一切的一切，似乎都可以当做我们"不如意"的说
辞。有很多年轻人每天拿这些说事，觉得生活欺骗了自己，每一个
人都欺骗了自己，终日郁郁寡欢，没有了积极面对生活的勇气。其
实，如果细心观察，就会发现自己的幸运。当你在抱怨每天要挤公
交车时，有些人还在雨中骑着自行车；当你抱怨工作不够好、待遇
不够高时，有的人还在你公司走廊的垃圾桶里整理着垃圾；当你怨
恨自己的亲人为什么不是"非富即贵"时，这个世界上还有很多人
已经失去了自己的亲人……

世间不如意事常八九，一个人活得快乐与否全在于自己如何看

待。很多事情我们无法改变，那么就尝试改变自己吧。改变自己的态度，改变自己的心情，换个角度想问题，你就会觉得生活原来还是很美好的。

心 灵 鸡 汤

　　坦然是失意时的乐观，是一种淡定与自信，更是一种优雅。能够坦然面对生活中不如意之事的人，相信所有的不如意都无法将他打倒；那些在生活的不如意面前一败涂地的人，通常是因为他们的胸襟不够坦然。

学会抑制虚荣心理的滋生

在小品《有事您说话》中，主人公为了表现出自己比别人强、有本事，常吹牛说自己有路子买火车票。结果别人托他帮忙的时候，为了证明自己能干，他只好夜里排队去买票，弄得自己狼狈不堪。这就是虚荣心的表现，它只会给虚荣的人带来痛苦和麻烦。

在日常生活和工作中，每个人都要维持自己应有的尊严，这是毋庸置疑的。但是，有些刚刚步入社会的年轻人，难免会为了逞一时之强，人为地给自己扣上很多"光环"，而使自尊心的真实意义被扭曲，变成了虚荣心。虚荣心理对人是有害的，对于二十几岁的年轻人来说更是如此。他们往往刚离开学校，社会阅历不足，经济基础不牢固，如果一味地为了虚荣心的满足，那么必定会将自己弄得身心疲惫。更重要的是，浮华的外表一旦被拆穿，不仅虚荣没了，还让自己颜面扫地。

2007年3月3日《处州晚报》头条报道：松阳一青年男子为了哄父母开心，编织了一个十分滑稽可笑的谎言，一时成为世人的笑柄。

　　2002年，26岁的麻某从一所高职技校毕业，毕业几年来，麻某一直没有找到理想的工作。2006年10月份，虚荣心极强的麻某为了哄父母开心，一时突发奇想，谎称自己考上了公务员，还因为有电脑技术特长，被市公安局特招为警察，之后更是由于能力突出被上调省公安厅网络信息处当了副处长。而麻某用来使父母信以为真的工具，只是他花了500元钱在网上购得的一件假的多功能警服。老实巴交的父母自然满心欢喜。麻某的母亲也是一个虚荣心较强的女人，正月初八，母亲要儿子穿着警服到遂昌外公家向亲戚朋友展示了一番，让自己也露露脸。

　　更让人瞠目结舌的是，麻某后来还虚构了一个未婚妻，说自己马上就要结婚了，未婚妻是南京军区的军官。为了让"婚礼"显得确有其事，麻某精心编写了一张女方婚礼宾客名单，500多名宾客蔚为壮观，其中有南京军区司令员某某某、副司令员某某某、警卫连连长某某某，名单上还列了60多名新闻界工作人员，中央电视台的周涛、浙江电视台的华少等均榜上有名，同时，麻某还炮制了一张婚车表，列在表上的28辆婚车一律是宾利、奔驰、宝马、奥迪、凯迪拉克等高档名车，还煞有介事地虚构车牌号、司机和随车人员的姓名等。如此"婚礼"之结局自然可想而知，麻某也因非法使用警服被警方拘押。

　　麻某的事例虽然有些极端，却在一定程度上反映了当代年轻人身上普遍存在的一些弊端，比如异想天开、爱慕虚荣等。虚荣心或多或少地存在于每个人身上，这本无可厚非，只是有些年轻人在无意间将其放大了很多倍，以表现自己比别人高一等，进而满足自己心理所需的"优越感"，这就十分不应该了。

　　有些女孩子过于追求美丽和时尚，希望自己能在别人面前显得更时髦一些，即使自己没有厚实的经济基础，也要强撑着"装点门面"。曾有一篇报道披露过一个让人费解的现象：上海某女孩儿刚步入工作岗位，月收入不过两三千，但为了在别人面前"有面子"，她省吃俭用，攒下大半年的收入到高档专卖店买了一个LV的挎包。而为了弥补自己买这个挎包带来的损失，她只好每天背着LV走路上下班。

另外还有一些年轻人，为了显示自己"有钱"，常会叫上几个兄弟，有事没事到大饭店"撮一顿"，并且一定要拣着最能撑面子的菜点，此举造成的后果就是他们回家后都要省吃俭用一段时间，才能缓和"内伤"。一旦渡过了"困难期"，这些人的"虚荣心"又开始蠢蠢欲动。如此恶性循环，只能将他们自己带入万劫不复的深渊。

其实，上述几个例子中的年轻人未尝不知道自己"得不偿失"，但还是走入"死要面子活受罪"的误区。其实，一个人地位的高低，并不完全表现在其穿着上，更不单纯是去几次星级饭店就能说明的。人们对一个人是否持欣赏态度，往往在于这个人有没有上进心、为人是否谦虚。因此，年轻人要摆正自己的位置，不要因一味追求虚荣而丢了主业。

我们已经知道了，虚荣是一种不健康的心理，会给我们的正常交往带来阻碍，因此，我们应该在生活的方方面面注意，防止虚荣心"侵蚀"我们的心灵。要追求真善美，不要通过不正当的手段来炫耀自己；要克服盲目攀比心理，如果只是一味地跟别人比较，心理上的不平衡只会让虚荣心更加强烈，只有跟自己比才能让自己取得进步；要珍惜自己的人格，只有崇尚高尚的人格才不会让虚荣心有抬头的机会。

心灵鸡汤

　　虚荣是一种表面的虚假，经不起时间的考验，当浮华退去后，留下的只能是尴尬和笑柄。因此，虚荣心是最害人的，年轻人要想让自己活得快乐、轻松，就必须从心里认清它的实质，努力摆脱和远离它。

培养持之以恒的心理素质

"铁杵磨成针"的老婆婆坚信铁棒能够磨成绣花针；愚公坚持不懈，最终完成了不可思议的移山壮举；王献之练完了十八口水缸的水，最终成为与父亲王羲之齐名的大书法家……持之以恒的精神，支撑一个又一个名人走上了成功的道路。

"水滴石穿"是大家都非常熟悉的成语，其表面意思是水一直向下滴，时间长了能把石头滴穿。人们常常借它比喻只要坚持不懈，细微之力也能解决很难办的事；也比喻只要有恒心，不断努力，事情就一定能办成功。这个道理似乎很浅显，就连几岁的孩童都明白，但真正实行起来就不那么简单了，很多人在做事时往往克服不了自己的懒惰和侥幸心理，使已经开头的计划半途而废。

人人都有惰性，这是无可争议的。人们对待惰性的不同态度是世人有成功与平庸之别的重要原因。

一个穷学生花几个铜板买了一本残破的、几乎没有价值的旧书，闲来无事时，全靠读这本书打发时间。一天，他从书上看到这样一句话："试金石和鹅卵石的区别在于，鹅卵石摸上去是凉的，而试金石却是温热的。"

他按照书上所说的地点来到了那个可以找到试金石的海边，开始一个一个地摸脚下的石头。但每次当他捡起一个小石块时，都发现它是冰冷的，于是他每次都会沮丧地将冷石头扔进大海。他就这样不断地捡，又不断地扔，渐渐地，他的力气越来越大，石头也扔得越来越远了。他始终没有找到自己想要的试金石，但他没有放弃，还是坚持不懈地寻找着。

突然有一天，他摸到了一块温暖的石头，但由于他捡起和扔掉的动作已经形成习惯，当他意识到自己找到了试金石时，已经失手将其扔入了大海中。显然，在茫茫大海中重新找回那块石头是不可能的。穷学生十分沮丧，觉得自己彻底失去了希望，只好绝望地离开了海边。

当他身无分文地回到他的国家时，新的君主已经登基。这个君主有个特别的嗜好——喜欢举行各种竞技游戏。此时，君主正在下令招募力气大的人，准备举行一个掰手腕的擂台赛。并且规定，在这次擂台赛中获得冠军的人可以被封为皇家的终身伯爵，且可获赐黄金万两。穷学生想到自己身无分文，却空有一身力气，就抱着试试看的心态参加了比赛，谁知竟意外地获得了冠军。穷学生在震惊之余，明白了正是自己坚持不懈地向大海中扔石块，才练就了无人能及的臂力，使他成了超级大力士。

成功往往更青睐那些坚持不懈付出努力的人，而对那些三天打鱼两天晒网的懒人不屑一顾。现实生活中，有些刚步入社会的年轻人十分浮躁，总是难以用心来完成一件事情。有时即使是自己很感兴趣的事，也只维持三分钟热度就不了了之。这样的做事方式是很难取得成功的。

有些年轻人虽然有一番志向，也比较善于克服自己的懒惰心理，但却常常缺少信心，认为自己的想法很难实现，从而得不到支撑自己的精神力量，所以只坚持几天就没了后劲。更有一些年轻人觉得一个人能否成功靠的是运气，而与坚持、努力无关。这些想法都是大错特错的，一个不懂得坚持的人，即使机会就摆在眼前，也只会在他不懂得努力的愚蠢行为之下变成一次失败。只有自己坚定目标，并且懂得锲而不舍地为之努力，成功的日子才会指日可待。

齐白石年轻的时候爱好篆刻。一天，他向一位老篆刻家请教如何才能刻好，有没有什么诀窍在其中。那位老篆刻家说："你挑一旦石头，刻了磨，磨了刻，等到这些石头都变成了泥浆，你的篆刻也就练好了。"

齐白石听后，明白了老人的意思——诀窍就是持之以恒地练习。他真的挑来一担石头，夜以继日地练习篆刻。他一边刻一边拿篆刻名家的作品对照、琢磨。他刻了磨平，磨平了再刻。手上虽然磨起了泡，但他仍然专心致志地刻个不停。

日复一日，年复一年，石头越来越少，地上的泥浆越来越厚，最后，所有的石头都"化石为泥"时，齐白石也成功练就了一副篆刻的好手艺。

对于"成功"，仁者见仁，智者见智，并不是非要做出一番伟大的事业、非要得到世人敬仰才算成功。对于我们来说，成功就是朝着自己既定的目标努力，成功就是在"善始"之后还能"善终"，成功就是一如既往地坚持。"坚持就是胜利"，只有懂得坚持、能够坚持到底的人，才会拥有登上峰顶"一览众山小"的魄力，才会成为最后的赢家。

心灵鸡汤

　　持之以恒是一个人成功的必备条件。大凡有所成就的人，无一不是经过了一番持久的磨炼。成功之路就像是挖井，必须持续不断地努力才会有效果。因此，年轻人要想成功，必须要持之以恒，不可半途而废。

做个宽容的人

生活中，我们难免会与人产生摩擦，也不可避免地会发生被人误解的情况。面对这种情况，最好的方法就是宽容。一个不会宽容、只知苛求他人的人，是不会得到真正快乐的。

初入社会，我们总会遇见一些之前不曾遇见的人与事，这时，我们应该学会以宽容的心态来面对。

宽容是一种处世的经验、待人的态度。曾经看到过一个有关亚历山大大帝的故事，他的行为，为宽容作了一个很好的诠释。

一天，亚历山大大帝骑马旅行到俄国西部，他来到一家乡镇小客栈。为进一步了解民情，他决定徒步旅行。当他穿着一身没有任何军衔标志的平纹布衣走到三岔路口时，却记不清回客栈的路了。

亚历山大无意中看见有个军人站在一家旅馆门口，于是他走上去问道："朋友，你能告诉我去客栈的路吗？"

那军人叼着一只大烟斗，头一扭，高傲地把这个身着平纹布衣的旅行者上下打量了一番，傲慢地答道："朝右走！"

"谢谢！"大帝又问道，"请问离客栈还有多远？"

"一英里。"那军人生硬地说，并瞥了陌生人一眼。

大帝转身就走，走出几步又停住了，回头微笑着说："请原谅，我可以再问一个问题吗？请问你的军衔是什么？"

军人猛吸了一口烟说："你猜猜看。"

大帝风趣地说："中尉？"

那烟鬼的嘴唇动了一下，意思是说不止中尉。

"上尉？"

烟鬼摆出一副很了不起的样子说："还要高些。"

"那么，你是少校？"

"是的。"他高傲地回答。

于是，大帝敬佩地向他敬了礼。

少校转过身来摆出对下级说话的高贵神气，问道："假如你不介意，请问你是什么官？"

大帝乐呵呵地回答："你猜！"

"中尉？"

大帝摇头说："不是。"

"上尉？"

"也不是。"

少校走近仔细看了看说："那么你也是少校？"

大帝镇静地说："继续猜！"

少校取下烟斗，那副高贵的神气一下子消失了。他用十分尊敬的语气低声说："那么，您是部长或将军？"

"快猜着了。"大帝说。

"殿……殿下是陆军元帅吗？"少校结结巴巴地说。

大帝说："我的少校，再猜一次吧！"

"皇帝陛下！"少校的烟斗从手里掉到了地上，猛然跪在大帝面前，忙不迭地喊道，"陛下，饶恕我！陛下，饶恕我！"

"饶你什么？朋友。"大帝笑着说，"你没有伤害我，我向你问路，你告诉了我，我还应该感谢你呢！"

亚历山大大帝在面对少校对自己的傲慢时，没有以权相压，而是坦然面对，这种心态就是大度、宽容的心态。

宽容心态的表现形式多种多样，面对他人的相异之处，能够尊重其存在，是一种宽容；面对着他人的诽谤或是针锋相对，不以为怒，在他人落败时不落井下石，也是一种宽容。我们常说的以德报怨，是指宽容那些曾经深深伤害过自己的人，这是宽容的最高境界。

战国时期，梁国的大夫宋就担任一个边境县的县令之职。梁国的边境和楚国相邻，梁、楚两国都设有边亭。负责守卫边亭的两国人各自在边亭四周种了一块瓜田。梁国边亭的百姓十分勤劳，平时很注意给瓜田浇水灌溉，因此瓜的长势非常好。而楚国边亭的人很懒惰，平时对瓜田疏于管理，瓜的长势很不好。面对着梁国长势喜人的瓜，出于妒忌，楚人趁天黑偷偷去糟蹋梁人的瓜秧。过了没多久，梁亭的人发觉了这件事，就报告给了宋就，并扬言要一报还一报，去糟蹋楚人的瓜田。宋就知道了以后，否决了众人的提议。他说："仇怨是灾祸的根由。因为别人忌妒你，你就去报复别人，这是偏激的做法！"随后，宋就派人每晚悄悄去为楚人浇瓜。楚人早晨到瓜田一看，发现已经浇灌过了。就这样，梁国人总是去帮助楚人照管瓜秧。楚亭的瓜田长势一天比一天好起来。楚人感到非常奇怪，便暗中察访，发现了事情的真相。楚亭的人很震惊，便将这件事报告给了楚王。楚王听后很惭愧，也对梁国人的宽容忍让很佩服。于是，楚王派人带着丰厚的礼物去向梁国边亭人员道歉，并请求与梁王交往。楚、梁两国的外交逐渐兴盛起来。

宋就的忍让成就了两个国家的外交，由此可见，宽容的心态具有莫大的力量。

初入社会的年轻人，在纷繁复杂的社交场合中，总会遇到各种各样的问题，无论是误解还是真的矛盾，都应该学会坦然面对。用一颗宽容的心来面对所发生的事，用良好的修养来为自己的人生加分，不要让刻薄的心态和语言毁了你给别人的印象。

曾经，有个脾气很坏的小男孩。一天，父亲给了他一大包钉子，要求他每发一次脾气都必须用铁锤在后院的栅栏上钉一颗钉子。第一天，小男孩在栅栏上钉了37颗钉子。

过了几星期，由于学会了控制自己的愤怒，小男孩每天在栅栏上钉钉子的数量逐渐减少了。他发现控制自己的坏脾气比往栅栏上钉钉子要容易多了……最后，小男孩变得不爱发脾气了。

他把自己的转变告诉了父亲。他父亲又建议说："如果你能坚持一整天不发脾气，就从栅栏上拔下一颗钉子。"经过一段时间，小男孩终于把栅栏上所有的钉子都拔掉了。

父亲来到栅栏边，对男孩说："儿子，你做得很好。但是，你看钉子在栅栏上留下那么多小孔，栅栏再也不是原来的样子了。当你向别人发脾气之后，就会在人们的心灵上留下疤痕。这就好比用刀子刺了别人的身体，然后再拔出来一样。无论你说多少次对不起，那伤口都会永远存在。所以，口头上的伤害与肉体的伤害没什么两样。"

这是一个十分平常的小故事。从生活的角度讲，一个善于控制自己脾气的人，能够避免因自己的情绪化而给周围的人带来伤害。

屠格涅夫说过："不会宽容别人的人，是不配受到别人宽容的。"宽容，是一种豁达的处世之道。人非圣贤，孰能无过？在我们日常交往中，只要不是原则性的问题，就没有必要斤斤计较。要知道，苛求别人，也是在苛求自己；宽容别人，才会使自己放宽心胸，去尽情享受生活中的阳光与美景。

曾经有一位老妈妈，在她50周年金婚纪念日那天，向来宾道出了她保持婚姻幸福的秘诀。她说："其实，从我结婚那天起，我就准备列出丈夫的10条缺点来，为了我们婚姻的幸福，生活的和睦，我向自己承诺，每当他犯了这10条错误中的任何一条的时候，我都愿意原谅他。"当时有宾客问："那10条缺点到底是什么呢？那么他犯过哪些呢？"这位老妈妈回答说："老实告诉你们吧，50年来，我始终没有把这10条缺点具体地列出来。每当我丈夫做错了事，让我气得直跳脚的时候，我马上提醒自己：算他运气好吧，他犯得是我可以原谅的那10条错误中的一条，于是就这样，他每次都能'过关'，我们的婚姻才得以幸福地保持到现在。"

泰山不拒细石，所以成泰山；江河不拒细流，所以成江河。人生而不同，别人的性格或做事方法与自己有所差别是很正常的，没有必要非得让别人都按照我们的思维方式生活。大千世界，正是因为其中的"异"，我们的生活才变得多彩多姿，如果整个世界都变成"同"，那还有什么乐趣可言呢？所以，对待别人的"不同"，对待世界的差异，我们要拥有一颗宽容的心，"求同存异"是对别人的宽容，也是对自己的成就。

心灵鸡汤

海尔普斯曾经说过："宽容是对文明的唯一考核。"在这样一个文明的社会，我们都需要做一个宽容的人。宽容是一种良好的心态。学会宽容，以大度的心来容纳生活中遇到的人与事，这样，你就能收获生活中无与伦比的快乐。

告别社交恐惧症

初入社会的年轻人，渴望在人际交往的圈子中能崭露头角，以一个崭新的面貌，出现在新的生活环境中。但是，社交恐惧症总会与他们如影随形，并妨碍他们的正常交际。如何告别社交恐惧症，顺利地融入社会，这是他们所关心的问题。

在社交场合，我们有时会看到这样一种人：他们在公共场合往往会十分紧张，害怕被关注，在与人交谈中也往往焦虑不安。这种人，即是我们常常说起的社交恐惧症患者。

社交恐惧症在心理学上被称为"社交焦虑失协症"，是一种对任何社交或公开场合感到强烈恐惧或忧虑的精神疾病。患有社交恐惧症的人在陌生人面前或在可能被别人仔细观察的场合中，往往会有一种显著而持久的恐惧，症状严重的患者甚至连参加聚会、打电话或到商店购物这类简单的事情都难以做到。

随着时代的发展，社交恐惧症患者的数量也在增加。在美国，社交恐惧症患者的数量在精神症中仅次于抑郁症和酗酒而名列第三。

　　2004年，曾写过《利莎的影子》、《美好的时光》、《钢琴教师》等著作的奥地利女作家艾尔芙蕾德·耶利内克被瑞典皇家文学院以"她的小说和剧本中表现出的音乐动感，和她用超凡的语言显示了社会的荒谬以及它们使人屈服的奇异力量"为理由颁发了诺贝尔文学奖。众所周知，诺贝尔文学奖是许多从事文学创作的人梦寐以求的殊荣。出乎意料的是，艾尔芙蕾德·耶利内克以自己患有"社交恐惧症"为由而拒绝出席诺贝尔奖的颁奖典礼。

　　艾尔芙蕾德·耶利内克在获悉自己得奖的第二天，便在维也纳召开记者发布会，宣布她不会去斯德哥尔摩领取诺贝尔文学奖。艾尔芙蕾德·耶利内克在因身体健康原因婉拒的同时，也点出了自己的社交恐惧症。她认为自己没有资格获得这一大奖，在得知获得如此崇高的奖项后，她感觉到的"不是高兴，而是绝望"。艾尔芙蕾德·耶利内克表示："我从来没有想过，我本人能获得诺贝尔奖，或许，这一奖项是应颁发给另外一位奥地利作家的。"

　　患有社交恐惧症的人，在社交场合很害怕成为别人关注的焦点。在他们的心中，好像每一个人都在观察自己、注意自己，所以他们的每一个动作都会慌慌张张。在社交场合中，被别人介绍、和不熟识的人交谈甚至吃饭，都会让患有社交恐惧症的人感到焦虑，甚至难堪。严重的社交恐惧症患者，其生活、工作都会受到影响。在常人看来很容易的事，在他们看来却可能难如登天。

　　据心理专家称，形成社交恐惧症的原因很多，生理因素也是影响因素之一。人体内存在一种叫"5-羟色胺"的物质，这种物质的过多或过少都会引起人的恐惧情绪。但是我们通常提及的社交恐惧症，更多的是因为受所处环境的影响，或是自身性格等原因所导致的。

王芳的父母是驻外使馆的工作人员，她从小就一直和奶奶一起生活。从小，王芳就过着"两点一线"的日子，很少与外人接触，她没有什么朋友，课余的时间也大多是以书为伴。很多认识王芳的人，都说她性格内向，稳重，听话。

即使经过四年的大学生活，王芳处理人际关系的能力也没有得到提高。在寝室里，王芳和舍友关系冷淡，还时常会发生口角，看着宿舍其他的人嬉笑打闹，王芳也会因为不能融入其中而苦恼。临近毕业的那年，王芳喜欢上了临班的一个男生，但是她一直没有勇气表白。即使那个男生主动和她打招呼，她也往往是慌里慌张、言语混乱。直到毕业，王芳也没敢向那个男生表露心迹，这份感情也只能被生生地斩断了。

毕业聚会上，王芳没有出席，她担心在那个热闹的场合中，自己的孤僻会引起同学的反感。想到这种尴尬的场景，王芳就退缩了。

大学毕业后，王芳进入一家私企工作。每周的例会上，公司员工例行发言时，她总是支支吾吾。领导要求员工发表自己的看法时，她也从来不会主动，生怕自己的观点太过幼稚，让人耻笑。

就这样，王芳一点点地缩回到自己的世界中，慢慢习惯着自己一个人的生活。

王芳的社交恐惧，是其小时候的环境所致。少年时代，正是性格养成的年龄，王芳却因为家庭的缘故始终束缚在自己的世界中，最终导致了自己社交恐惧症的形成。

从人的性格方面来讲，自尊心过于强烈的人，或是性格过于腼腆的人，他们往往害怕被人拒绝，或是对自己缺乏信心，因而逃避与人交往，最终也会导致社交恐慌。

在很多时候，社交恐惧症被人们错误地理解为性格内向，以致忽视了对这种疾病的认识与治疗。

患有社交恐惧症的人，应该学会正确认识这种疾病。症状严重的，要去专家处咨询、就诊；症状较轻的，要学会自我调节。这类人应该告诉自己"这种恐惧是可以消除的"，鼓励自己去一些社交场合，慢慢地学会融入其中。其实只要敢于迈出第一步，你就会发觉一切其实都比想象的简单。对于那些在社交场合过于内向的人来说，最重要的是从心理上改变自己。

社交恐惧是在日常生活、学习、工作中慢慢形成的，有其特定的形成原因，不是一朝一夕就能改变的，这就要求人们不要过于急躁，要知道，欲速则不达。即使在社交场合偶尔失态或是遭遇了尴尬，也不要过于强化自己的感觉，要相信，没有人是天生的社交达人，经验来源于平时的积累。

性格过于内向的人，要从心理上改掉自卑感。一个过于自卑的人，在与人交谈中往往将注意力放在自己的言行上，怕自己失态、怕人笑话。这样的人，不仅不能全神贯注地与人进行交流，还会适得其反，让彼此交流更不顺畅。

另外需要注意的就是，从心理上正视自己的缺点。要知道，世界上没有完美的人，不要拿己之短比人之长，要多想想自己的长处，这样会为自己增加自信。如此，自己的行为自然也会落落大方。

记住，在社交场合中，自信是法宝，只有自信了，才能让自己更好地和每一个人交往。告别社交恐惧，养成良好的心理，这样，你才能在社交圈子中暂露头角，以一个崭新的面貌出现在众人面前，那么你的生活也将会变得越来越精彩。

心灵鸡汤

其实，社交恐惧症并不可怕。很多时候，这种恐慌，只是来自我们的内心。只要我们有勇气克服，勇敢地走出去拥抱这个世界，社交恐惧问题就会迎刃而解。

第 *2* 章

Chapter Two

懂点社交心理学，快速拥有好人缘

在人际交往中，社交心理学的作用不言而喻。初入社交圈的年轻人，面对着庞杂的人际关系网，怎样才能在其间如鱼得水？这是一个值得去研究的话题。

Sale

Autumn

以平和友善的心态
对待每次相识

在漫长的人生之路上，我们总会遇见一些人。这些人，有的只是擦肩而过，有的则在初次相逢之后慢慢熟识，进入彼此的生活。在社交场合，该以怎样的心态去面对初次相识的朋友，这确实是个问题。

人是一种有主观情绪的个体，在与其他人的交往中，总会不可避免地带有自我的主观情绪。不会控制自己情绪的人，与人初次见面，往往会凭借第一印象来决定面对他人的态度，或好或坏，或友善或偏激，不同的情绪往往会带来不同的结果。心理学中有一个名词叫做"晕轮效应"，也称"光环效应"，是指人们往往会根据个人好恶得出对他人的主观认知，然后根据这种认知来自我判断他人的品质，而且人们通常也会根据这种"晕轮效应"来决定对对方的态度。此时此刻，主观的自我认知已经掩盖了对方身上其他的品质，以致人们往往不能客观评判初次相识的人。

琳琳入职的第一家单位位于市郊，面试时，公司主管的咄咄逼人给琳琳留下了很不好的印象。但是面对着最终只有这一家公司投来的橄榄枝的现状，毫无工作经验的琳琳只能迎难而上。琳琳所在的部门，恰恰属于主管的直接领导范围。工作的最初，因为第一次并不友好的印象让琳琳对主管敬而远之。除了例行的工作汇报和交接，琳琳一直没有和主管有过更多的接触。但是，随着工作中的接触，琳琳发现其实主管并不是一个难以相处的人——看到琳琳是一个初入社会的女孩子，主管对她十分关心。只要不是重要的工作，主管总会让琳琳准时下班，自己接手余下的工作；有时不得不加班，在深夜回家的出租车上，琳琳也总是会接到主管的电话，以确认她的安全；而在工作上，主管更是对琳琳耐心指导，将自己的经验毫无保留地传授给她。虽然一年后，琳琳离职了，但琳琳依旧与主管保持着联系，两人的身份由昔日的上下级转化成了朋友。

琳琳先入为主的第一印象，让她在很长一段时间内对主管抱有很深的成见，直到日后的相处加深才慢慢改变了其对主管不正确的看法。在琳琳以后的工作生涯中，她从这件事吸取了教训，学会了以平和的心态对待每次相识的人，这样她在待人接物方面有了很大的提高。

其实，只有以平和友善的心态对待每次相识，才能在交往中慢慢形成一种对对方最客观的认知与评判。而客观认知带来的结果，往往让你能够更公正地对待对方，形成属于自己的朋友圈。把每次相遇都当做第一次相识，以客观的角度、平和友善的心态去面对，你会发现许多不曾注意到的细节。

在善做生意的犹太人中流行着这样一种不成文的规则，叫做"每次都是初交"——不管与合作对象上次的合作经历多愉快，这一次也不能掉以轻心，一码是一码，这次合作的商讨细节丝毫不能放松。这样的生意经，当然是为了抓住商机，也不让既往经验破坏这次新的合作。而在人际交往方面，"每次都是初交"的规则同样适用。从哲学

理论的角度讲，世间万物每时每刻都在变化，我们也一样，不要把上次的情绪带到这次，上次虽然不欢而散，也许今天就能把酒言欢。

在娱乐圈里，黄磊和刘若英的友谊是让人津津乐道的话题，然而两人初次见面的过程并不愉快。两人第一次面对面是在《人间四月天》的记者招待会上。刘若英因为化妆的缘故迟到了20分钟，同为主演的黄磊因此很不高兴，一直摆臭脸。后来，记者要求扮演徐志摩的黄磊和扮演张幼仪的刘若英牵手拍照。刘若英心想："我又不认识他为什么要跟他牵手？"而接收到刘若英不情愿的情绪信息的黄磊说："不想牵是吧？那就不用牵了。"然后双方开始别别扭扭地参加发布会，最终不欢而散。通常情况下，有了这样经历的两人很难对彼此留下好印象，也很难以平和友善的心态再次相对。在电视剧拍摄定妆照时，两人再度相遇。黄磊在无聊的拍照时间充任了剧组的开心果，他的表现让刘若英开始放下成见，试着去重新认识这个人。最终，两人因戏结缘，成了非常要好的朋友。用黄磊的话来给他们的关系下定义，就是"我和刘若英的关系属于友谊、爱情和亲情之外的第四种感情"。

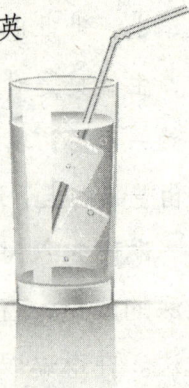

无论二人的关系到底怎样，和谐的气氛不言而喻，初次相识的尴尬气氛并没有成为两人相互交往的障碍。正因为本着平常心，两人在再次相遇时才能以平常的心态看待对方、了解对方，最终成为娱乐圈里的友情楷模。

这个友情楷模的例子，相信可以让很多人从中找到自己的影子。而他们真挚友谊的建立得益于他们放下成见、客观判定彼此，这在人际交往中是尤为重要的。

对于初入职场与社交圈的年轻朋友来说，他们缺少久在沙场摸爬滚打的前辈们的经验，一眼看穿他人的能力更是无法与前辈们相比。这时，以平和友善的心态对待每次相识，把对人的评判放入每次相交的客观环境中，才是上上之策。

心灵鸡汤

　　好的第一印象并不一定能带来长久的友谊，同样，不好的第一印象也许成就的是一种最坚固的情感联系。没有人能够瞬间看透别人的心事。只有以平和的心态面对每次相识，才能从中体会到最真实的感受；只有以平和友善的心态对待每次相识，不让极端情绪左右自己，才能做一个学会控制自我情绪的人，才会在人际交往中游刃有余。

被人肯定的前提是
肯定对方

古人云："欲将取之，必先予之。"意思是，要想有所得，必先有付出。同理，要想得到别人的肯定，首先要学会肯定别人、欣赏别人。这种肯定与欣赏，并不是为了获得别人的肯定而作出的违心之论，而是要学会欣赏别人的长处。

在此，先与大家分享一个故事。

一日，苏东坡与方外之交佛印禅师坐禅。苏东坡问佛印："大师看我像什么？"佛印说："你像一尊佛。"苏东坡听罢一笑，打趣道："我看禅师倒像一堆牛粪。"佛印听后，只是笑笑，不作回答。苏东坡回家后很炫耀地将这番口舌之争讲给苏小妹听。苏小妹说："哥哥，这场论争是你输了。一个人心中有佛，万物在他眼中皆是佛；一个人心中只有一堆牛粪，他眼中看到的只能是牛粪了。"

这个故事广为流传，它的寓意是说一个人的内心决定了他对万事万物的态度。如果将这个故事与欣赏的论题相联系，则可以理解为只有首先肯定对方，才会得到对方的肯定。反之亦然，一个人如果只看到他人的短处，处处贬驳，到最后，受辱的反而是自己。欣赏别人是一种美德，也是一种素质，更是一种能力。当你具备了这种能力，自然也会得到对方的认可。

2009年荧屏热剧当属《我的团长我的团》。在那个人人为我的炮灰团中，在爱逞口舌之争的炮灰儿们中，郝兽医是一个善良的"另类"。他看得到每个人的优点，就连嘴最损、最不招人待见的孟烦了，郝兽医都能看得到他的长处。他说："你没有那么坏。"在初始互相诋毁、互相拆台的炮灰团成员中，郝兽医始终是别人最温暖的依靠。在那个充满绝望气息的团队中，他对别人一语中的的评价让每个人都能直视自己隐藏在内心深处的角落。这种直视能让人从绝望的深渊挣扎出来，重新对生活与生命充满渴求与勇气。善良的郝兽医，在生命的最终迎来了其他同袍的认同，成为团队中人们心灵的依靠。

懂得肯定别人，欣赏别人的郝兽医，最终得到的是升入阳光、葬身纯真之地的结局，是编剧也是炮灰团其他成员给他的一个最好的归宿，也是对他最大的认同与肯定。在现实生活中，学会肯定别人是颠扑不破的社交技能。懂得看到别人的优点，能学会恰到好处地欣赏他人，也是一种自我人格的塑造。人与人之间的关系往往是相互的，当你学会用欣赏、肯定、认同的目光去看待别人时，别人自然会还你以同样的目光。而处处鄙薄他人、高高在上的人，最终只会给自己的人格与社交添上不和谐的一笔。

在工作的第五个年头，兢兢业业、一丝不苟的贾舒终于升到了业务部主管的职位。俗话说"新官上任三把火"，贾舒"这把火"烧得动静着实不小。第一把火便是"批判大会"。昔日同僚如今下属的缺点，被贾舒一一摆上台面，业务部俨然成了一个不堪提及的部门。其实，多年的职业生涯，每个人身上不可能一点优点也没有，业务部蒸蒸日上的业绩就是一个体现。散会后，贾舒的"通杀"让同事们很是不恋，她面临着上任后的第一次危机——下属们开始人心涣散，部门业务直线下降。贾舒多次召集会议探讨，批评员工的态度问题，但是，这一次次的批判会议却形成了恶性循环。直到贾舒被上司恢复成"平民"的身份，这场由社交场合蔓延到工作场合的风波才得以制止。但是，贾舒再也回不到过去了。她认为是同事们的挟私报复，最终导致她"下台"。最终贾舒辞职，愤懑地离开了她待了五年的公司。

如果从职场的角度看，贾舒的失败在于她缺乏正确的领导技能，不懂得领导的艺术。贾舒最终的离职，是无论她的工作能力还是与人相处的能力都得不到别人的认同、无以为继的原因。而她得不到别人欣赏的原因，正是因为她不懂得欣赏他人。

社交场合是一个广阔的舞台，在这个舞台上，我们会遇到各种各样的人，只要你善于观察，你就会发现每个人都有着与众不同的、值得你去欣赏的优点。给别人以适当的肯定，让别人因你的赞美而发现自己的价值，你的一句善意褒奖，最终会化为你人格塑造的路途中踏实的一笔，而你在点点滴滴中凝聚起来的品质，最终会成为别人欣赏你、肯定你的最好的事实与理由。

欣赏别人、肯定别人，是对别人的尊重，也是对自己的尊重，更是对自己的"美化"。不要吝惜自己的目光，也不要吝惜自己的语言，发现别人的优势并肯定别人，是对自己的一种成就与成全。

心灵鸡汤

　　欣赏、肯定别人需要有广阔的胸怀，能够清楚地看到别人的长处、欣赏他人，久而久之，这种行为会转化为一种品质，长期留在自己的身上，成为别人接纳你、欣赏你的理由之一。不要吝啬对别人的赞美，它会让你更快乐，也会让你最终找到属于自己的归属感与成就感。

迎合对方的习惯

迎合对方看似是毫无主见、向人谄媚的举动，实则不然。在认同对方行为的前提下迎合对方的行事习惯，可以让人际交往事半功倍。迎合对方的习惯，既是一种表达自我观念的方式，也是肯定对方、为自己的交际圈添砖加瓦的选择。

"迎合"在词典中的解释是"故意使自己的言语或举动适合别人的心意"。在我们以往的经验中，这似乎是一个贬义多过褒义、负面多过正面的词语。历来，迎合上司、迎合权贵都是让人不齿的行径。但在新时代的心理学中，我们对迎合对方可以作一个全新的解释。

作为独立的个体，每个人都有属于自己的行为习惯，这也构成了区别于他人的自我标志。学会迎合别人的行为习惯，让自己的行为举止在某一特定时刻与对方保持同步或一致性，是对对方的一种认可。

在心理学中"同步行为"被定义为"人与人之间的表情动作的一致性"。这种同步，在人际交往中往往是神来之笔。当你认同了某人的行为习惯并与他保持一致时，就能够更好地促进双方的交流，缩短彼此之间的磨合期。

大学毕业后，小李进入一家媒体做实习记者。初入职场，小李每一步都是如履薄冰，正如林黛玉初入贾府一样，"步步留心，时时在意，不肯轻易多说一句话，多行一步路，唯恐被人耻笑了他去"。但就是这样，面对办公室资深的记者老刘，处于打下手地位的小李还是感觉有些力不从心。尽管前一天小李准备功课到深夜，但是小李第二天来到办公室后，依旧状况百出。不是写的素材不符合前辈的要求，就是办事方法遭到对方的严厉斥责。起初，小李觉得有些委屈，数次想打退堂鼓，但是不服输的个性让她最终坚持了下来。渐渐地，相处的日子多了，小李从中学到了许多经验。比如，小李每天都有个例行工作项目，就是从当天的重要新闻中选出具有典型性的加以评论，发表自己的观点看法。以前小李总怕自己说错话，于是尽可能全地铺陈材料，每一个素材都解说得非常详尽。但是每次精心准备的结果，都会遭到老刘的训斥，一句"不要废话讲重点"犹如一盆冷水泼得小李晕头转向。后来，小李发现了一个问题，就是老刘是一个利落简洁的人，很讨厌别人的啰里啰唆。即使对方的前因后果、结构框架并没有错，老刘还是希望能听到一针见血的评价。相比于论证精密的长篇报道，老刘更倾向于短小精悍的短讯报道，尽管两个各有各的优势。摸到了老刘的习惯与脾气，小李开始向老刘喜好的风格过渡。结果，她转变的风格深得老刘的欢心，老刘也将许多采访经验、工作经历倾囊相授，小李受益匪浅。

其实，哪种风格并不重要。办公室里还有许多老同志，与小李风格相近的细腻型人才也不在少数。一开始面对老刘的批评与刁难，小李完全可以不动声色地转向他人学习。但小李深知老刘的工作经验与阅历无人能比，向老刘学习绝对能让自己进步更快。权衡了轻重，作出了选择的小李最终迎合了老刘的习惯，也为自己带来了工作之初受益匪浅的良机。

　　在很多时候，我们总是抱怨自己所处的环境，总是觉得自己与他人格格不入。这种抱怨，更多地集中在批判他人的行为上，而不能适时反省自己。许多人都以为改变自己去迎合对方是一种错误的观念，实则不然。

　　在这个千姿百态的大环境中，我们遇见不合习惯的人的机会远远大于遇见与自己一模一样的人。当自己与别人的意见相左时，可以采用如下方式化解，那就是在坚持原则的前提下，学会改变自己迎合对方，这种习惯其实是一种更快地赢得好人缘的方式。有时候，完全不懂变通，一味坚持自我，实际上是一种过度自私的表现。

　　李雅人如其名，气质文雅，容貌脱俗。但在公司，她却始终无法融入同事交往的和谐气氛中。原因很简单，李雅所在的公司是一个私人小企业，平时工作比较清闲。中午吃饭休息时，大家经常谈一些八卦或是家长里短的事情，李雅对此很是不屑。同事梅平时很热衷于明星八卦，被称为"办公室的小喇叭"。中午休息，梅就会大肆散布听来的各种八卦新闻，面对其他同事的全情参与，李雅一直觉得不可思议。而同事徐是一个大她二十几岁的老大姐，平时工作之余最爱谈一些陈年旧事。办公室大多是与梅年龄相仿的年轻人，但奇怪的是，其他人并没有如李雅一般对徐的陈年旧事表现出不屑和不愿倾听。渐渐地，李雅成了孤家寡人，被同事孤立了起来。

　　其实，在我们的周围也有很多的"李雅"，不仅是与同事工作之余的相处有问题，还有许多其他的事情也是如此。李雅只是站在自己的角度想事情，不懂得迎合他人，或许也有人不愿听梅的八卦，或许也有人不愿听徐的陈年旧事，但是，其他人也许都懂得，在一个交际场所，尊重别人的习惯是一项必不可少的原则。每个人的人生经历、生活习惯都不尽相同，迎合对方、让对方舒适的同时，也是为自己争取表达自我意见的一种方式。更何况，茶余饭后的谈论本是一种消遣，没有必要尖锐对待。只有你懂得了尊重他人的习惯，你的习惯才会得到别人的尊重。

其实人与人的交往，很大程度上是取决于性情的相投以及礼貌的运用。我们都应该学会留意身边人的一些习惯，在无碍原则的前提下去适度迎合对方的习惯，这样才能够更好地与人相处。

心灵鸡汤

人之所以不同，就在于各自的行为习惯不同。在坚持原则的前提下，学会迎合对方的习惯，学会尊重他人，是初入社会的年轻人所必不可少的学习课程之一。

学会与对方保持适当的距离

在莎士比亚的名剧《哈姆雷特》中，御前大臣波罗涅斯在送别儿子雷欧提斯的临别赠言中曾说道："对人要和气，可是不要过分狎昵。"狎昵是指过于亲近而态度不庄重。也就是说，在人际交往中，人与人之间要保持适当的距离，但如何与对方保持适当距离是个值得探讨的问题。

寒冷的冬日，一群豪猪想依偎在一起互相取暖，但是这个动作立即被终止了，因为它们身上的刺刺痛了彼此。抵不住寒冷侵袭的豪猪不得不二次重新相拥，理所当然地它们又再次分离。终于，在这样反反复复的试验中，豪猪们终于找到了一个合适的距离——既不会刺痛对方，又能保持足够的距离从而产生足够的御寒能量，也就是在最轻痛楚感的情况下获得最大的温暖。

后来，这个故事被用到心理学上，称为"豪猪理论"，并被进一步延伸为人际关系中分寸的把握。处于社交圈的人们用礼貌的距离来连接彼此的关系，这个距离，是一种人为的分寸把握。由于生长环境、文化教养等的不同，每个人都有属于自己的生活方式和与众不同的禁忌领域。无论两个人是多么好的朋友，都应该为对方留出一片属于自己的领域。与对方保持适当的距离是对朋友的尊重，这样的友情才会长久。

李艳到现在的单位已经半年了，半年的相处时间，几个同时进公司、年龄相仿的女孩成了朋友。上班一起工作，下班一起逛街，很是亲密。但不知什么原因，其他几个女孩子疏远了李艳。一头雾水的李艳找到了其中一个心直口快的女孩，几番央求之下，同事才道出了其中的玄机。原来，最初相识的时候，大家彼此总是有一段合适的距离。熟悉之后，大家在一起的机会增多了，李艳就渐渐丢掉了分寸感。平时要找个东西，她会很随意地拉开别人的抽屉找，丝毫不顾及别人的感受。倒不是李艳不顾及别人的隐私，而是她从来不认为这样有什么不妥。因为别人找她借东西，不管自己在不在场，她也不会让人跟自己客气。而且因为平时熟识的缘故，李艳言谈举止很是随便，说话时拽拽人头发、拉拉人衣服，借用这种身体上的接触来表达自己对别人的亲密感。殊不知，这种毫无距离的"亲密"逐渐让人生厌。最终，大家对李艳渐渐疏远。

李艳是一个大大咧咧的女孩，她对人没有心机，以为大家熟识了，便可以达到不分彼此的境地，平时的言谈举止也不注意了。其实，每个人都有属于自己的空间，即使你愿意让外人或是所谓的好朋友进来"窥探"，别人也未必愿意"参观"。因为你的慷慨是建立在大家共享的基础上，而别人都有自己的秘密，自然不需要这种需要付出代价的"窥探"。

周柏和徐珊是大学同学，毕业后，两人恰巧在相隔不远的地方租了房子，来往频率逐渐密集起来。每逢节假日，两人总会聚在一起做做饭、聊聊天。渐渐地，两人似乎比大学时代更加亲密了。但是，矛盾也就在这种熟识中渐渐显露，原因是周柏平日里工作清闲，所以三天两头去徐珊那儿串门，而且往往是不请自来，事先也不打招呼。徐珊给周柏提过意见，希望她再来时打个招呼，可周柏却不以为然，她对徐珊说："这么近打什么招呼啊？难不成你有什么秘密，不想让我撞见？我可没秘密，欢迎你随时光临寒舍。"徐珊几次给她解释，这不是什么秘密的问题。每个人都有属于自己的私密空间，即使你愿意向别人敞开大门，别人未必愿意同样这么做。不做不速之客，这是一种礼貌，不管两个人的关系多么亲密，我们都有属于自己的不愿人知的世界。随意走进别人的空间，是对对方的不尊重。但是，周柏对徐珊的话始终不赞同，最终两人分道扬镳了。

看似只是一件关于做不做"不速之客"的小事，却可以让原本感情很好的朋友变成陌路人，这正如莎士比亚曾经说过的一句话："不速之客只在告辞以后才最受欢迎。"这里面的问题，其实就是我们谈到的距离问题。其实，很多人认为，既然是好朋友，就要亲密无间才对，你的就是我的，我的就是你的，不分彼此才是最高境界。殊不知，每个人都有属于自己的针刺和锋芒，每个人的内心深处，总有不愿让别人窥探的角落，不管你是谁，即使是最好的朋友，也是"别人"。"亲密有间"，才是朋友之间明智的相处之道，掌握好距离的"度"，才会让友谊之花绽放得更加灿烂。

刘若英和周迅是娱乐圈里出了名的姐妹淘。在娱乐圈里，两人多年的友谊着实羡煞旁人。刘若英在接受访问时就曾经说过，两人的友谊属于那种适度距离的关系。她们两人可能半年也不打个电话相互联系，但有时间聚在一起时，则是无话不谈。平时对方有什么不愉快的新闻也只是问候一下，绝不寻根问底。而当对方想要倾诉时，自己会做一个默默的倾听者，以给对方最大的安慰。

两位娱乐一姐的关系，固然是因为性情相投的缘故，但两人这种给对方空间、不主动探听对方隐私的相处模式，才是这对姐妹花感情历久弥新的真正原因。

叔本华曾说过："社交的起因在于人们生活的单调和空虚。社交的需要驱使他们来到一起，但各自具有的许多令人厌憎的品行又驱使他们分开。终于，他们找到了能彼此容忍的适当距离，那就是礼貌。"我们都应该学会这种礼貌，给双方一个适度的空间，也为自己保留一份属于自我的天地。适当的距离会产生美，会让我们在与人相处时更自在、更自由。

心灵鸡汤

　　新加坡女作家尤今曾经说过："真正的友谊，是需要保持一定距离的。有距离，才会有尊重；有尊重，友谊才会天长地久。"只有学会与对方保持适当的距离，给彼此一个属于自己的空间，双方才能更好地享受友谊带来的温暖。

常见面胜过"长相对"

审美疲劳用心理学的原理解释，是说当刺激反复以同样的方式、强度和频率呈现时，反应就开始变弱。通俗解释是，由于对同一事物反复欣赏而产生的厌倦心理。在人际交往中，"长相对"带来的审美疲劳最终导致人际冲突的现象比比皆是。

《士兵突击》中，当经过种种残酷考验的"许三多"们终于成为老A一员时，队长袁朗曾经充满感情地对他们说："以后要长相守了，长相守是个考验。"相信很多"突迷"们听到帅气的袁朗说出"长相守"三个字时，都感动得无以复加。只是不知道，有多少人能理解他后面那句"长相守是个考验"的意义。毋庸置疑，袁朗的"长相守是个考验"更多地集中在团队之间的相互扶持上。将这句话引申到人际交往上，长相守的考验，在于在相守的日子里，怎样面对不可避免的矛盾与摩擦。

王纳和李博大学四年住同一个寝室，寝室里的姐妹感情都很要好。大学毕业后，宿舍姐妹中只有她们两个人来到北京发展，理所当然地住在了一起。本以为学生时代的友谊转化成工作时的相依为命会让两个人感情更加牢固，但是不过短短的两个月，两个人竟不欢而散。看似有些不可思议，在一起住了四年的室友竟然在毕业后的两个月因不能相互容忍而疏远。究其原因，不外乎是日常生活的点滴摩擦。这种摩擦，在学生时代不是没有过，不愉快往往很快就会过去。但是如今却成为战争的导火索，并且硝烟几天都无法消散。而奇怪的是，分开后的王纳和李博关系又恢复了学生时代的亲密。两个人分开租了房子，平时虽然各有自己的朋友圈，但过一段时间，两人总会找机会聚一下，这段本以为半路夭折的友谊又恢复如初了。

很多人对此表示不可理解，其实道理很简单。虽然学生时代也是同吃同住同学习，在一方屋檐下彼此相对，但毕竟是多人的集体宿舍，即使A和B有了矛盾，也会有C、D或更多的人来劝解。大家共处一室的时间，被分割成了不同的组块，两个人之间相处的时间被切割，发生矛盾摩擦的概率也在减小。而毕业后，两个人在狭小的居室中长期相对，一旦发生矛盾便会陷入冷战，而且不再有人能从中调解。随着社会生活的展开，彼此的交际圈更加广泛，每个人都有了属于自己的朋友，生活习惯和方式不再像大学时代那样单调，每个人都渴望按照自己的意愿去生活。在心理学的理论当中，每个人都有试图影响他人的心理倾向，当这种影响失败时，每个人只得再次回归到自己的生活轨迹当中。王纳和李博在分开居住后关系反而恢复如初，就是因为少了平时的摩擦，两人的内心又被昔日的情感充盈，一切矛盾自然降到了最低点。

"长相对"和常见面的问题，在心理学中也多有涉及。心理学家曾经做过许多类似的试验，而试验的结果无一不证明，相比于"长相对"，"常相聚"是一个更加明智的选择。

其实，每个人都是独立的个体，怎样在不掩藏自己锋芒的情况下，与对方相处却不伤害对方，这就需要相处的艺术了。与王纳和李博相比，另一对发小的故事更值得我们借鉴和思考。

小王和小刘是从小一起长大的朋友。小时候，两人住在同一个家属院。从儿时的玩伴到十几年的同窗，两个人相伴地一路走来，感情亲如兄弟。大学毕业后，初出茅庐的两个小伙儿一块来到同一座城市发展。按照人们的既定习惯，这两个见证彼此成长的朋友一路成长该是一种幸运，从同学过渡到同事，曾经的一起学习变成日后的一起工作奋斗，让彼此见证各自的未来和共同的友谊，这似乎是一种可遇不可求的美好关系。但是，同时从计算机专业毕业的两人，从找工作之初就发誓打破过往的捆绑模式，寻找各自属于自己的空间。最后，性格沉稳内向的小王进了一家国企做电脑维修工作，而善于闯荡的小刘则进入一家外资企业进行软件研发。尽管工作后的二人各自开始了不同的交际生活，但两人时常见面，感情并没有变淡，在各自遇到生活或事业的瓶颈之时，对方仍是自己最好的依靠和倾诉对象。

例子中的道理不言而喻，懂得了相处的哲学，人际交往才能更加顺畅。尤其是初入社会的年轻人，在面对一个又一个社交新问题时，怎样用最适合的方式处理，需要运用自己的智慧。在漫长的社交日子里，我们应该学会这样的道理：长相对不如常见面。常见面可以随时联络彼此的感情，适度的不见面让彼此的新鲜感增强，更有利于维持长久的友谊。而长相对并不是一个明智的选择，因空间的过度缩小而让彼此的摩擦变大，最终会成为葬送彼此友谊的导火索。

要知道，理想中的"长相守且相安无事"是很难存在的。每个人都有不同的生活习惯，无所谓对错，但是完全没有摩擦是不可能的，毕竟没有人会一直忍受自己并不赞同或是并不习惯的生活模式。我们在茫茫人海中与人相遇，在相交中认可一份友谊并不是一件容易的事。寻到了一份属于自己的友谊，千万要珍惜，不要让必然存在的"长相对"的摩擦毁掉这份来之不易的感情，用常相聚维持这份感情才是硬道理。

心灵鸡汤

　　在爱情的世界里有一句俗语叫做"小别胜新婚"，在社交场合、友情世界里，这个"小别"同样适用。所以，请用常相聚代替长相对，留给对方一个想念、回味你的空间，为再次的重逢留下美好的期待。

巧妙化解对方的忌妒心理

罗素曾经说过："忌妒是人类最普遍、最根深蒂固的一种情感。"在人际交往中，也许你的出类拔萃会无意中"伤害"很多人，他人的忌妒会接踵向你扑来。不加理会、勇往直前固然不错，能巧妙化解对方的忌妒心理才是精明处世之道。

在《心理学大辞典》中对忌妒的解释是："与他人比较，发现自己在才能、名誉、地位或境遇等方面不如别人而产生的一种由羞愧、愤怒、怨恨等组成的复杂的情绪状态。"在人际交往的过程中，遭遇他人忌妒的事情似乎并不少见。俗话说："出头的椽子先烂，枪打出头鸟。"遭遇忌妒是一件很平常的事情，要学会坦然面对。除此之外，最重要的是要学会化解对方的忌妒心理，让自己的人际交往之路更加平坦。

每个人都有强烈的攀比意识以及本位心理，往往对能力处在同一等级或不相上下的人很容易产生忌妒。在坦荡自我行事的同时，我们应该学会主动与人沟通，化解存在的不良情绪和误会。要豁达大度，学会坦诚与人相处，不因风言风语而刻意疏远对方，用自己的真心去打动对方。要懂得多夸奖别人的长处，暗示对方每个人都有自己的长处，要学会谦虚行事。

培根曾经将忌妒与爱情并列为人类各种情欲中最为惑人心智的两种感情。说起忌妒的实例，相信很多人都能想到一个流传千古的典故——"既生瑜何生亮"。诸葛亮的一番卜辞，九泉之下的周公瑾是听不到了，但却可以给我们后世人一个思考。

三国时期，诸葛亮初出茅庐，在江东舌战群儒让他声名远扬，吴国大都督周瑜面对名满天下的诸葛亮很是忌妒。周瑜也是一个厉害人物，风度翩翩的周郎在辅佐吴主霸业的过程中战功卓著，早在诸葛亮出山之前，已是誉满江东。无论是军事能力还是文学才华，周瑜可谓一人独大。突然间冒出一个诸葛亮，轻轻松松地便抢走了自己的风头，周瑜非常不甘心，处处与诸葛亮相争。最后的结局很残忍，诸葛亮布下战局，三气周瑜之后，周瑜一命呜呼，临终留下了那句名言"既生瑜何生亮"。

《三国演义》中关于这段故事的前因后果记述得详详细细，在这里，我们姑且不去管演绎的成分真假如何，单就这个故事而言，我们再接着往下探讨。

周瑜死后，诸葛亮孤身来到江东，面对吴国上下军士，上演了一出吊丧好戏。诸葛亮一番吊丧言辞情真意切，细数周瑜的风采，赞其"文武韬略"、"雄姿英发"、"雅量高致"，并引其为平生知音。最终，诸葛亮成功平息了吴国上下的怒火，安全回国。

诸葛亮这次漂亮的外交之行很值得我们学习和探讨，周公瑾泉下有知，想必也会坦然处之。

诸葛亮的言辞成功之处，在于肯定了对方的长处，把对方放在一个适当高度，让人无力再去反驳，曾扬言要杀诸葛亮为大都督报仇的诸位吴国将领也是心服口服，最终化干戈为玉帛。诸葛亮的行为，又为自己的品行添上了重要的一个砝码。

面对对方的忌妒之心，要学会还人以礼，让对方意识到自己也是身有所长。同样，适度地示弱也是一种很好的选择。适度示弱，是为了平息因忌妒带来的不必要的纷争。

战国时期，赵国的蔺相如因有大功于国，被拜为上卿，官居大将军廉颇之上。大将军廉颇认为蔺相如不过是耍嘴皮子的功夫，实在是名不副实，因此处处扬言要给蔺相如难堪。蔺相如听到廉颇的言论后，经常找借口不上朝，以错过与廉颇冲突的机会。即使万不得已狭路相逢，蔺相如也是紧急避让。蔺相如的举动和廉颇的言论让朝中上下议论纷纷，都说蔺相如惧怕廉颇。蔺相如的门客也都觉得面上无光，纷纷向蔺相如询问缘由。蔺相如说："昔日面对强大的秦国我都毫无畏惧，怎么可能惧怕廉将军！我之所以这么做，是深知强大的秦国之所以不敢擅自攻打赵国，实是因为赵国有我和廉将军在。如果我们之间出现争执，秦国必会乘机攻打。为了国家利益，我必须将个人恩怨放诸脑后。"蔺相如的话传到廉颇耳中，廉颇自惭形秽，向蔺相如负荆请罪，两人终成生死之交。

在这里讲这个妇孺皆知的故事，是想推荐一下蔺相如面对他人的忌妒之心时所采取的避让态度。当时，秦国非常强大，其他诸国在夹缝中生存实属不易。作为赵国的文武支柱，蔺相如和廉颇二人的作用不言而喻，一旦赵国内部分崩离析，再加上外来入侵，赵国命运岌岌可危。蔺相如能识大体，顾全国家安危，而不逞口舌之争，成功化解了廉颇的忌妒之心，让江山社稷转危为安。

在人际交往中，不为逞一时的风头而适当避让，能够有效平息对方的忌妒心理。在复杂的人际交往圈，能够平息不必要的纷争，才有可能成为最大的赢家。

《杜拉拉升职记》中，初出茅庐的杜拉拉面对上司玫瑰的种种刁难迎难而上，出色的表现最终为拉拉迎来了事业的春天。在DB那样人才济济的大公司中，遭人忌妒似乎是一件很平常的事，杜拉拉自然不能幸免于难。但是，聪明的杜拉拉，在公司一直低调处世、谦和待人，她并不过分在意他人因忌妒而对她的伤害，她也很公正地评判他人的优点。面对流言四起的人群，她依然可以坦诚地说，玫瑰是个好上司，跟她可以学到很多东西。面对其他同事的冷言冷语，她依然放低姿态，和同事保持良好的合作关系。虽然拥有直线升职的经历，面对他人的忌妒之火，杜拉拉最终用自己的平和、低调平息了它们。

职场丽人杜拉拉，她的成长经历也许是对初入职场的我们最好的示范。到底如何化解朋友与同事的忌妒心理，这是一门艺术的课程，需要我们好好去学习。

心 灵 鸡 汤

无处不在的攀比心理让忌妒注定成为无法甩掉的包袱。学会适当的示弱、赞赏对方的优点是人际学中的上上之策，它能巧妙化解对方的忌妒心理，为你的人际交往消除一个敌人，增加一个朋友。

记住别人的名字

卡耐基曾经说过："记住别人的名字，而且很轻易地叫出来，等于是给别人一个巧妙而有效的赞美。"在庞杂的社交场合，记住别人的名字，并在下次见面时第一时间叫出来，这个小小的细节，会让你受益匪浅。

我们往往会遇到这样的场景，在某一个公开场合，对面突然走过来一个看起来很面熟的人，当对方很友好地向你打招呼时，你却叫不出对方的名字，这时双方都会陷入很尴尬的境地。

的确，名字是一个人的代号，对人很重要。如果你面对着一个仅见过一次或是几次面的人，能够在第一时间叫出他的名字，这会让对方对你产生很好的印象，觉得自己受到了重视和尊重，也会给你的社交技能加分。

由于父亲早逝，家境贫困，吉姆·佛雷在中学就辍学打工补贴家用。凭借着勤敏好学的个性，吉姆·佛雷很快脱颖而出，成为公司销售部经理。吉姆·佛雷有一个习惯，就是不管是见过几次面的人，他都要努力记住人家的名字。他发现这一习惯让客户很受用；不管新老客户，每次见面，吉姆·佛雷亲切地喊出对方名字时，大家往往非常高兴，生意也因此很容易谈成功。在吉姆·佛雷的客户中，有一个名叫尼古得玛斯·帕帕都拉斯的人，因为这个名字太长，很多人都记不住，大家就习惯称他为尼古。但是吉姆·佛雷却用心记住了他的名字，并在见面时叫了出来。尼古非常感动，最终，这笔大单子签到了吉姆·佛雷的名下。

初中就辍学的吉姆·佛雷的成就远非如此。46岁那年，已经有四所大学将荣誉学士的学位颁给吉姆·佛雷，但是，吉姆·佛雷竟然走向政途，成为国家邮政首长。

有人问起吉姆·佛雷的成功秘诀，吉姆·佛雷说："我能叫得出名字的人，至少有五万人，这就是我的成功之处。"

没错，正是这个从青年时代就延续下来的习惯，让吉姆·佛雷终生受益。在吉姆·佛雷的生活中，每当他刚认识一个人时，肯定会先弄清他的名字、职业、家庭状况，等等，并通过这些基本信息对这个人建立起一个初步认知。等下次再见面时，吉姆·佛雷一定会主动迎上去，和人家嘘寒问暖。也因此，吉姆·佛雷给人留下了很好的印象，这一习惯也成为吉姆·佛雷社交场合的杀手锏，让他获利匪浅。

吉姆·佛雷的例子很好地说明了在社交场合中，记住别人名字的重要性。

我们在社交场合会遇见很多人，人来人往，很多时候只是擦肩而过或是一面之缘，要记住这么多名字看似很困难。其实，万事万物都有它的秘诀所在，记名字也是一样。

首先，在初次见面，别人给你介绍新朋友时，要注意力集中。我们往往在再次见面叫不出对方名字时，总会在脑中苦苦思索第一次见面时的场景，试图搜索出一些信息。但是一般叫不出对方名字的人，往往是对初次相见时印象模糊的人，这说明在初次见面时你没能集中精力记住相关信息。

其次，在认识新朋友时，与人交谈中要尽可能多的在适当的时机重复他的名字，这样能够加深你的记忆，为将来的相逢打基础。

据说拿破仑的侄子、法国国王拿破仑三世能够记住他所见过的每一个人的名字。平日政务繁忙的拿破仑三世能做到这一点，其中的窍门很简单。

拿破仑三世在与人交谈时，总是先问清对方的名字。如果没听清楚对方到底叫什么，他会立即说："抱歉，我没有听清楚你叫什么名字，你能再重复一遍吗？"如果碰到的名字并不常见，拿破仑三世会很仔细地问是怎么个写法。在谈话的过程中，他会把对方的名字重复说上几遍，并在心里把这个名字和名字主人的个人特征、表情和容貌结合起来记忆，这些习惯最终成就了拿破仑三世的过人之处。

能够记住对方名字的人不见得是头脑很聪明的人，但一定是很用心的人，也一定是一个有礼貌、有教养的人。

在一些场合，我们看到一些人，好像对记住人的名字这件事很不以为然。他们往往只是按照自己的喜好随便用人称代词或是其他相关的词来代替对人的称呼，这实际上是一种很不礼貌的行为。

小敏毕业后做了一名教师，担任中学的班主任。从教多年来，不管是毕业多少年的学生，小敏总是会很快叫出对方的名字。这一"特异功能"让学校的师生很羡慕。每年新学期，在新生还未入学的时候，小敏就会结合学生的名单和照片，用心记忆新生的名字。开学的迎新班会上，每当新同学上台作自我介绍时，小敏也会非常仔细地聆听，并和自己记忆中的印象相互对比、印证。这样做的结果是，开学没几天，小敏面对班里的学生时，能很熟练地叫出对方的名字。这么一件看似微小的事，却让小敏在学生中威信很高。因为每个学生都觉得老师能这么快记住自己的名字，是因为在关注自己，也因此觉得自己受到重视。小敏这一习惯实际上是源于自己学生时代的一段经历。

高中时的小敏，学习成绩整体不错，但是化学成绩一般。小敏的化学老师是一个年轻的男老师，平时上课提问，老师很少叫同学的名字。因为除了班里三两个成绩很好的学生之外，他几乎记不住任何人的名字。上课提问，总是以代号称呼。比如，"第几排第几个同学回答一下问题"，或者"某某身后的同学回答一下"，而这个某某，一定是他的得意门生。小敏的同桌化学成绩很好，自然很受宠。于是可怜的小敏，在那个老师任教了一年的化学课上，永远被称为某某某的同桌。短时间还好，直到学期结束，还被老师这样称呼时，小敏心里很不是滋味，并不是觉得受不到重视，而是得不到一种最起码的尊重。而化学老师的这一"毛病"，成为毕业后同学们聊天时经常提到的问题。那时的小敏就发誓，自己做老师后，一定要做一个记住每个学生名字的老师，不让学生感到难堪。

记住别人的名字，看似微不足道，其效果却不可小视。小敏的切身经历，很多人都经历过。日本电影《情书》中，毕业多年的藤井树回到学校探访，久不见面的老师很快叫出她的名字，并说记得每一个毕业的学生的名字和学号。看着剧中的老师充满感情地说出这句话时，就不难想象这是一个曾经多么受学生爱戴又和学生感情多么密切的老师了。

在记住别人名字这个小小的细节中，包含着你的品质以及对人的尊重。要想在社交场合中无往不胜，这样的小细节不能忽视。

初入社会的年轻人，面对着开始变得庞大的社交群，记住别人名字的事，一定要放在心上。从心里学会重视别人、尊重别人，才能在行动上去实践。做一个尊重他人的人，才能收获别人的尊重。

心 灵 鸡 汤

记住别人的名字，看似是微不足道的事，在社交场合却有着很微妙的作用。如果能够在第一时间叫出对方的名字，对方会感觉很受重视，这也有利于你交到新的朋友，而这些新的朋友，也许会在以后不经意的场合让你受益无穷。

第3章
Chapter Three

巧用沟通心理学，让交流畅通无阻

　　人与人之间，最重要的就是沟通，沟通能够让我们学会表达自我、了解他人。一个善于沟通的人，能赢得最大的理解与尊重。让我们学会沟通的技巧，在人与人的交流之路上畅行无阻。

共鸣心理是沟通的最佳基础

在人与人的交往中，只有相互沟通才能产生各种各样的情感表现，而共鸣则是沟通的最佳基础。交往双方在表达中寻找彼此的相似性，产生对同一事件或问题的相同感受，沟通才能继续下去。

"共鸣"最初应该是一个物理名词，用来描述声学中的共振现象。今天，这个词已经被我们广泛应用于生活中的方方面面。通常情况下，我们在欣赏一部文学或是影视作品时，常常会因作品中人物与自己的相似或相通性而受到触动，引起一种强烈的认同感，这种文学作品中的情绪表达带给我们的，就是共鸣。文学中的情感共鸣引起了我们对作品本身的认同，而在实际的交往中，与人产生共鸣是人与人之间沟通的最佳桥梁。共鸣的最高境界当属"高山流水"的故事。

春秋战国时期，楚国人俞伯牙流落晋国，官居上大夫。俞伯牙琴艺高超，被尊为"琴仙"，而同为楚国人的钟子期乃是一介樵夫。

出使楚国的俞伯牙一日闲来无事，游至汉阳江口的一座小山下，一时琴兴大发，当即抚琴一曲，路过的钟子期侧耳倾听。当俞伯牙弹到雄壮高亢之处时，钟子期说："这琴声，表达了高山的雄伟气势。"当俞伯牙弹到清新流畅之处时，钟子期说："这琴声，表达的是无尽的流水。"俞伯牙对钟子期一语中的的评价十分惊诧：平时表达自我的琴声很难得到他人的理解，而今天，在这江边之处，俞伯牙终于寻到了知音。相见恨晚的两人结为兄弟，相约来年的中秋旧地重逢。然而，第二年中秋，俞伯牙等来的却是钟子期逝世的噩耗。钟子期临终遗言，让人将自己的坟墓修在了两人相遇的江边，以期重逢时再次聆听俞伯牙的琴声。俞伯牙忍痛在挚友坟前弹奏一曲《高山流水》之后，摔碎瑶琴，以报答钟子期的知音之情。知音已逝，这琴再也不能弹给别人听了。

"俞伯牙摔琴谢知音"的故事，实际上是讲俞伯牙和钟子期的一种情感的共鸣。钟子期之所以能听懂俞伯牙琴声背后的含义，在于彼时彼刻，两人的情感达到一种契合，从而形成了两人最顺畅的沟通。

在人际交往中，我们应该学会寻找交流双方的共同点，以期达到一种最佳的沟通效果。找寻到这种共同点，便产生了共鸣。

意大利著名科学家伽利略从小就立志于科学研究，但一直得不到父亲的支持。

一天，父子闲聊时，伽利略问父亲是什么促成了他与母亲的婚事。父亲说，自己曾经被迫与一个富家姑娘订立婚约，但对母亲的爱最终使他们坚持下来，直到如今拥有美满生活。伽利略趁机说："父亲，您对母亲的爱让您坚持了自己的选择。我也一样，除了科学，我对其他的职业毫无兴趣。我对科学的爱，就如同您对母亲的倾慕一样，什么也无法阻止我的信念。希望您能帮我达成心愿，一如您当年对自己选择的坚持一样。"父亲听了伽利略一番情真意切的言辞，最终同意了他的请求。伽利略经过苦心奋斗，终于实现了自己的理想。

伽利略之所以能够说服固执的父亲同意他的请求，就是因为他运用了共鸣的原理，让父亲在认同自己昔日行为的基础上对自己相似的行为产生认同。在与人沟通的过程中，伽利略的做法值得效仿。

有时候，我们面临一个问题与他人进行沟通时，很难找到合适的切入点，这时，情感共鸣就成了沟通的最佳基础。

路遥的《平凡的世界》中有一段故事堪称沟通的典范。

村支部书记田福堂为响应政府大搞农田基本建设的号召，决定炸山拦坝。为了腾出施工场地，部分村民必须改迁新居。虽然很多人不愿离开旧居，但也无可奈何，而村里已故的教书先生的遗孀金老太太死活不动地方。面对这片留给她大半生回忆与温暖的地方，老太太舍不得，这里有着她和逝去的丈夫的全部回忆。在众人劝说无效的情况下，田福堂放低身段，并不直接从搬迁的问题谈起，而是与老太太动情地回忆起金老先生的往事。随后话锋一转，说，金老先生在世时，为乡邻做了许多善事，我们今天炸山拦坝，正如金老先生当年教育我们的一样，为乡亲们谋福利。您老人家知书达理，一定会理解我们的。田福堂的一番话，最终让金老太太搬离了这片带给她毕生回忆的地方。

从田福堂的言谈中，我们不难看到他的技巧所在，他的话无不在迎合金老太太的心理。他让金老太太明白，自己懂得她不愿搬家的理由，是因为有关金老先生的回忆。只要能够让金老太太明白自己体会到了她的情感并且深深认同之后，金老太太自然也会认同他的行为。田福堂顺利地找到了这个切入点，用巧妙的言语让金老太太明白事态缘由，产生与己相同的情感体验，从而使这场沟通畅通无阻。

在人与人的沟通方面，如何寻找共鸣点，实际上有许多技巧。最重要的是展现真实的自己，让别人感受到你的真诚，这样彼此在寻找共鸣的路上才更加自如，而一旦找到了彼此的共同点也就是共鸣之处，沟通也就会变得无比顺畅。

心 灵 鸡 汤

学会与人沟通的技巧有很多种，寻找共鸣是其中一种捷径。在人际交往中，学会去留意对方的兴趣爱好，真诚地展示真实的自己，才是找到双方共鸣点的基础。一旦双方产生了共鸣，彼此之间的沟通就会畅通无阻。

耐心沟通，不宜操之过急

　　孔子云："人不知而不愠，不亦君子乎。"当人们遭遇不理解时，能够不生气、不怨恨，是一种君子的行为。这固然是一种谦和的心态，但实际上在人与人的沟通中，当人"不知"时，仅仅"不愠"是不够的。我们需要做的，是持续与之沟通，加深彼此的理解，而这其中，耐心必不可少。万事万物不能操之过急，要谨记一条颠扑不破的真理——欲速则不达。

　　我们有时会遇到这样的现象，明明自己的观点正确，却无法与对方沟通，闹到最后，双方情绪激动，不欢而散。

　　在实际生活中，我们也会遇到这样的情况：当邻居的音响噪声吵得你无法忍受之时，很多人往往会按捺不住情绪而对对方大吼大叫。但是，这样做的最终结果往往不能如你所愿。邻居的音响依旧响个不停，而你换来的，则只是与人的一番无谓的争吵以及日后邻里相见时的尴尬。造成这样得不偿失的局面，实际上是因为不够耐心而错失了良好的沟通时机。如果能心平气和地与邻居沟通，又或者在沟通无果的情况下耐心等待一个更合适的时机来解决问题，也许会是更好的选择。

　　实际上，人与人沟通的技巧有很多，耐心就是其中的法宝之一。即使你真理在手，没有耐心，不懂与人沟通，依旧惘然。学会用良好的沟通方式，耐心地将自己的观点以一种柔和的方式传达给对方，从而使对方自然接受，才是正道。

　　这其中的耐心，也包含着懂得选择合适的沟通时机。在彼此沟通不畅的情况下，往往一方或者双方都会产生急躁情绪，进而冲动，失去理性，即使平时很容易沟通的问题也变得艰难无比。这时，应该选择暂停争论，耐心等到对方心平气和之时再作理论。千万不能逞一时之强，让沟通无以为继。

　　叶子和小田有多年的交情，两人非常要好。小田生性善于幻想，总是有许多不切实际的想法，以至于在实际的人际交往中格格不入。叶子时常给小田提醒、劝导，让她意识到自己性格不完美的地方，但是一直收效甚微。本来，凭着叶子对小田的了解，应该懂得怎样避开她性格的雷区，从而达到最佳的劝说效果。但是随着小田在社会交往中与他人的摩擦越来越大，她性格的劣势也更加明显，这让叶子很担心。于是，叶子三天两头跟小田探讨这个问题，频繁密集的语言攻势让小田十分反感，以致双方沟通受阻。但在这种情况下，叶子并没有适时制止自己的行为，而是在怒其不听劝告的情绪下将多年来对小田性格不足的担忧和成见一股脑倾泻而出。正处于理智崩溃边缘的小田听了叶子的种种数落，十分气愤，双方言语冲突加剧。就这样，两个多年相安无事的朋友在各自极端的情绪之下，纷纷将彼此的缺点扩大，双方言语失和，一时的冲动葬送了多年的友情。

　　叶子的做法失败于身处情绪崩溃边缘而不懂得悬崖勒马，失去耐心的她因为冲动而失去了一个朋友。

　　其实，能够耐心等待也是一种交流方式，即使对方一时之间没有接受自己的意见，也不能操之过急。适时地沉淀往往能够让事态峰回路转。在耐心的等待中寻找合适的沟通机会，会收到意想不到的效果。《论语》中讲"欲速则不达"，讲的是为政要有远大眼光，百年之计不能急功近利的道理。在与人交往沟通过程中，这个"欲速则不达"的道理同样适用。

那部让好莱坞女王斯嘉丽·约翰逊获得新星奖的电影《马语者》，就为我们展示了一个耐心沟通的范例。

纽约州北部，14岁的格蕾丝和好朋友朱蒂在骑马时发生了意外。朱蒂当场丧生，格蕾丝虽然保住了性命，却失去了右腿，她的爱马"朝圣者"也濒临死亡的边缘。格蕾丝本是花季的年龄，遭此意外后一蹶不振。为了让失去生命意志的格蕾丝继续活下去，妈妈带着"朝圣者"和女儿辛苦跋涉，慕名来到蒙大拿州的驯马师汤姆·布克家中。

汤姆在医治"朝圣者"的同时，也在密切关注着格蕾丝。随着"朝圣者"的逐渐恢复，格蕾丝渐渐燃起了生存的勇气。此时，汤姆本应该趁热打铁向格蕾丝摊牌，重新回到和她探讨生命意义的轨道上来，从而让格蕾丝找到新的方向。但是面对屡次躲闪、不愿沟通的格蕾丝，汤姆最终选择了沉默。他知道，格蕾丝的一再退缩，是因为她还没有准备好面对现实。现在不能急于强迫这个在遭遇人生重大变故后意志消沉、愤世嫉俗的14岁的孩子瞬间转变。在耐心的等待之后，汤姆终于等来了格蕾丝主动开口谈及那场意外的机会，她将自己作为一个14岁孩子的所有恐惧、内疚和对未来的担忧倾倒而出。汤姆面对着格蕾丝，用自己的切身经历与这个受伤的孩子共同感受命运的多变。最终，格蕾丝卸下心事，敞开心扉，重新拥抱了生命。

这个感人的故事，让我们再次看到了耐心的可贵。一份耐心，换来了一个年轻的生命再次鲜活的机会；一次沟通，因为耐心的存在而异常成功。

生活中，我们总会遇到许多沟通的阻碍。给自己一份耐心，也是给他人一个空间，你会发现，在等待之后，换来的是一份值得你付出耐心等待的结果。

心灵鸡汤

有人说，沟通时要有身负沉重行李赶长路的心境，着急是绝对不行的。这种形象的比喻告诉我们，沟通是需要心存耐力的事情。在与人相处的时候，在不错失每一个机会的同时，学会耐心沟通的艺术，才是最好的交往方式。

和善的语言，让沟通更贴心

和善的语言可以拉近沟通双方的心理距离，让沟通双方的关系更加融洽，并最终使沟通的效果事半功倍。学会运用和善的语言与人沟通，是一个人良好的人际沟通和社交能力的体现，也是我们通向成功的桥梁。

在心理学上，和善的语言能够减少对方的防范心理，让沟通出现意想不到的效果。

和善的语言表达包括很多方面的内容。平等交流是一种重要的体现。姿态不高高在上，语言谦和，能够很快激起对方的交流欲望。

著名演员闫妮一直给人留下一种容易沟通的印象，这其中的原因就在于她一直以来所保有的一种亲和力。而这种亲和力，很大程度上源于她在接受采访时和善的语言。不同于其他明星和娱记之间的那种既定模式的采访，面对记者的时候，闫妮会和记者唠家常。见到熟识的记者，闫妮会主动上前打招呼，相互问候的语言也大多是朋友见面时的话题。这种先入为主的和善，往往能让记者和她沟通起来畅通无阻。

其实记者和明星本是相互"利用"的关系：记者靠明星填充报

道内容，明星靠记者增加知名度，双方本是互为鱼水的关系。既然意识到了这一点，如何和对方打交道就成了他们交往的关键。闫妮的和善，让双方形成了良好的互动关系，她平易近人的口碑虽然源于自我行为的约束，却也少不了娱记们的"笔下留情"以及"笔下生花"。

初入社交圈的年轻人，要意识到平和友善的语言的魅力，要学会用和善的语言为自己的社交行为增色。尤其在与人初识之时，平和善意的语言会让人对你留下深刻且良好的印象。

初入职场的齐齐进入一家IT公司做售后服务，几个月下来，繁重的工作让齐齐心力交瘁。面对客户的种种问询，齐齐有时觉得难以应付。客户中有客观反映问题的人，但更多时候，客户的得理不饶人或是无理取闹让齐齐和同事不可避免地与客户发生言语冲突。而客户本着顾客是上帝的"真理"，往往在言语上变本加厉，让许多做售后服务的同事难堪。久而久之，双方的冲突带来的直接后果就是客户的投诉，之后蔓延而来的便是无休止的争执。面对这样一种特殊的工作，齐齐和一些同事似乎认了命，但齐齐却发现，同事严令却是一个例外。她很少和客户发生冲突，每逢月末，公司老总还会收到客户对严令的表扬信。年终例会上，上台介绍经验的严令道出了其中的玄机。原来，严令和其他同事一样，也会时常遭遇客户的语言冷暴力。但是不管怎样，严令总会保持一种和善的态度来与客户进行沟通。在遇到客户投诉的相关问题时，严令总是详细问询，并积极引导客户用更专业的陈述方式来描述问题的所在。而且，严令适度地将幽默融入谈话之中，使本是类似谈判交涉的双方脱离尴尬的语境，进入一种平等交流的氛围。严令的语言如春风化雨般，缓解了客户遭遇问题后的焦躁情绪，使客户明白交流双方并不是站在一个对立面，而是共同致力于解决问题上。双方很快达成了谅解和共识，问题最终也得到了妥善的解决。严令的一席话，使许多同事茅塞顿开。此后，售后服务部接到客户投诉的电话越来越少了，大家的心情也越来越好了。

其实，因表达方式的缘故而形成的阻碍交流的问题，也存在于与亲人、朋友的沟通当中。

默默学生时代一路走来，始终无法摆脱与父亲的争执，其实也不过是一些鸡毛蒜皮的小事。但是每每与父亲发生冲突，战争便会愈演愈烈。多年下来，尽管平时父慈子孝，但不可回避的隔阂总是横亘在两人中间，默默总是将此归结于代沟问题。但是奇怪的是，只大默默两岁的姐姐与父亲的沟通却是毫无障碍。由此一来，默默又将其归结于自己与父亲无法和平相处。但是一次深入交谈之后，姐姐的一番话语似乎让默默明白了些什么。

姐姐说，其实她和父亲的贴心沟通没有其他的秘诀，只是姐姐注意到了一个窍门，就是沟通语言的表达方式。以往默默和父亲探讨问题发生分歧时，默默总是先入为主地将不同时代的两个人放在对立面，认为冲突理所当然，所以两个人总是以争吵结束。但姐姐却并不如此，面对两代人的分歧，姐姐总是耐心向父亲请教他内心深处的想法，并将自己的观点陈述清楚。即使双方不能达成一致，姐姐也不会让自己的语言失控。最终，和善的表达方式总是会让一场即将发生的争端消失于无形中。

默默姐姐的行为，不光是对长辈的一种尊重，对亲情的一种呵护，也是一种与人相处的能力。而默默缺少的，正是这种能力，他与父亲之间并不是他先前所认为的代沟问题，因为良好的沟通是不会受到诸如年龄、时代等外物约束的。

当然，和善的语言沟通不单是指一种谦和的语言态度，还包含很多含义。主动的沟通姿态、面对对方时的坦诚、平等的交流心态以及善意的出发点，都是和善的表达。在与人相处的过程中，和善的语言往往会让本是剑拔弩张的沟通出现峰回路转的契机。掌握了这门艺术，沟通之路定会畅通无阻。

心灵鸡汤

　　古语中的"与人为善"，不单单是指善意帮助别人，和善的语言也是一种在与人交往过程中的善行。在与人沟通中处处以善为先，也是一种自我修养的体现。学会和善地与人交流，才能体会到沟通的温暖。

幽默，拉近彼此的心理距离

　　德国著名文学家契诃夫曾经说过："不懂得开玩笑的人是没有希望的人。这样的人即使额高七寸、聪明绝顶，也算不上真正有智慧。"的确，在人与人的相处中，一个善于幽默的人，往往更能拉近交流双方的心理距离。

　　在心理学中，幽默的定义是这样被描述的："幽默是反映人类在笑他自身和他所建造的社会时所感到的乐趣，是指人理解和表达可笑的事物或使他人发笑的一种才能和生活的艺术。"看到这个拗口而烦琐的定义，你会作何感想？我们其实可以理解为幽默是一种能力，是源于生活又高于生活的艺术。

　　幽默是一种智慧，这是不可否认的论题。在心理学中，曾开辟出了一个重要的分支来论述幽默的来龙去脉，由此可见幽默的重要性。

　　现代社会，幽默已经成为人们追求的一种品质。一个幽默的人，总是会成为人们嘉许的对象，在人际交往中幽默的作用不言而喻。

　　关于幽默和滑稽的区别，有人曾经这样概括：滑稽只逗人笑，而幽默则是让你笑了以后想出许多道理来，可见幽默的层次更高一筹。

　　在与人的沟通中，适当的幽默，和情感的共鸣作用一样，可以让彼此交流的气氛更加和谐，从而拉近彼此的心理距离。

有一次，钢琴家波奇到美国的密歇根州福林特城演出。满怀兴致的音乐家到了演出现场才发现，观众的上座率竟然不足五成，音乐厅里稀稀拉拉的空座让无论是作为演出者的波奇还是作为欣赏者的观众都甚为失望和尴尬。但是开场时，波奇突然对准备聆听音乐的观众说："想必福林特城的人都非常有钱。"观众听后疑惑不解。波奇接着说："因为我看到你们每个人都买了两三个座位的票。"波奇话音刚落，音乐厅充满了笑声。就这样，波奇用幽默成功化解了自己的尴尬，一场精彩的音乐会在一种欢快的气氛中拉开了帷幕。

波奇的幽默，是一种自嘲的智慧。面对这样低的上座率，相信每一个表演者都会有深深的挫败感。但波奇没有像其他人一样表现出自己的失望，而是用自嘲的方式拉近了与观众的距离，这何尝不是一次成功的演出。

其实，幽默的范例不在少数，犹太民族就是一个崇尚幽默的民族。在他们的世界里，智慧是生存之道，幽默则是重要的精神食粮，能够与智慧并提，可见幽默在犹太民族心中的位置。

德国诗人海涅出生在一个犹太家庭，经常因为血统问题受到不怀好意的人的攻击。一天，海涅去参加一个晚会，遇到了一位环游世界的旅行家，滔滔不绝地向他讲述自己周游世界的所见所闻。其实，旅行家醉翁之意不在酒——他的叙述，只是为了羞辱海涅所做的一个铺垫，成心要给海涅难堪。讲到最后，旅行家对海涅说："海涅先生，你知道在我的旅途中最有意思的事是什么吗？就是在我途经的一个小岛上，竟然没有犹太人和驴子。"旅行家的公开侮辱让与会人员甚是愤怒和尴尬。但海涅只是淡淡地说："这很简单，下次我和你一起去那个小岛，不就弥补这个遗憾了吗？"其他人听了海涅的回答，哄堂

大笑，那个旅行家只得灰溜溜地离席而去。海涅的幽默，不仅不动声色地还击了不怀好意的人，还调动了晚会的气氛，同时也为自己赢得了满场的喝彩。

海涅的反击，多少是一种民族心理的自卫，有一丝悲壮的气氛沉浸其中。但在实际生活中，更多的幽默来源于一种对生活的解读。在人与人的交谈中，适度的幽默感可以调节现场的气氛，让彼此在更自由的气氛中相处，这样的幽默，无伤大雅，是生活中不可缺少的调味剂。

英国的乔治三世下乡打猎，中午来到一家小餐馆用餐。乔治三世要了两个鸡蛋，吃完后向店主询问账单准备付账。但当乔治三世看到账单时，突然火冒三丈，异常恼怒，因为他见到账单上的标注，两个鸡蛋竟要两英镑。乔治三世随即找来店主询问："两个鸡蛋要两英镑，鸡蛋在你们这乡下一定很稀有吧？"谁知，店主不慌不忙地回答："其实鸡蛋并不稀有，陛下您才稀有。鸡蛋的价格必须和您的身份匹配才合适。"听了店主的一番话，乔治三世不怒反喜，哈哈大笑，最终爽快地付了账单。幽默的店主，不仅没有触怒龙颜，反而为自己赢得了一笔意外之财。

古往今来，幽默的人总是会受到很多人的欢迎，被誉为"智慧的典范"。尤其是现代社会，当我们在种种场合与人交谈时，幽默感可以化解一些不必要的尴尬，从而产生一种和谐的氛围，身处其中的人们，更能体会到其中的乐趣。在愉快的社交氛围中，幽默能锦上添花，让气氛更融洽；在失和的社交场合，幽默是雪中送炭，缓解不必要的尴尬气氛。

初入职场的年轻人，应该在接受生活磨炼的同时学会幽默。因为幽默是一种品质，它代表了你对生活的乐观的态度，体现了你无形的智慧，适度的幽默会让人对你刮目相看。在社交场合，幽默的人才是最受欢迎的人，因为幽默会产生一种力量，让你在人际关系的尴尬境地中峰回路转。学会幽默的本领，拥有幽默的胸襟，让幽默成为你身上的一种气质，演化成一种无与伦比的智慧，最终会让你成为社交场合的达人典范。

心灵鸡汤

一个具有幽默感的人，必是一个热情开朗、用心拥抱生活的人。学会以幽默的心态去看待生活中的经历和遭遇，让幽默成为一种品质，从而拉近彼此之间的距离，让人快速、愉悦地接纳你。善用幽默的人会成为社交界的宠儿，与人交际也会顺畅无比。

换位思考，赢得理解

《论语》中有句名言："己所不欲，勿施于人。"意思是自己不希望他人用怎样的言行对待自己，就不要以那种言行对待他人。换言之，自己不想要的，就不要施加在别人的身上。这是处理人际关系的重要原则，是尊重他人的一种表现。用现代交际学的理论讲，"己所不欲，勿施于人"也是一种由换位思考而赢得理解的心理。

换位思考，这是一个经常被提及的词语，就是把自己假想成对方，站在对方的角度、立场来思考问题。它要求我们站在对方的角度看问题，而非自我意识的主观臆断。客观地看问题，就不会对人要求太过严厉。换位之后，人与人之间的关系会发生变化，变化之后的双方因为立场的改变引起视角的变化，从而能够更宽容地去理解对方。

关于换位思考，有一个经典的小故事。妻子正在厨房做饭，丈夫在旁边指手画脚："火大了，关小些……油放少了……该放酱油了……少放点盐……"妻子非常生气："我知道怎样炒菜。"丈夫说："我只是让你体会一下在我开车时，你在旁边喋喋不休，我的感受如何。"

换位思考是一种与人为善的思考方式，学会换位思考，能够宽容、大度地站在别人的立场去思考问题，可以让人与人之间的沟通更顺利。

从前有一个富翁，很喜欢吃美味的食物。他家里有一个很大的厨房，厨房里从各色厨师到洗菜打杂的人一应俱全。厨房里人虽多，但大家各司其职：炒菜的炒菜，挑水的挑水，抱柴的抱柴。

起初，大家各做各事，厨房里井井有条。但时间一长，日日重复单调的工作让每个人心生厌倦。大家都觉得别人的工作比自己的简单有趣，只有自己的工作无趣而劳累。富翁听到大家的抱怨后，决定让大家互换工作，尝尝其他人工作的滋味。

谁也没有想到，交换工作之后，大家陷入了一片慌乱之中，只见原来负责挑水的换成切菜之后割破了手；原来负责切菜的换成煮饭后煮出了一锅夹生饭；负责炒菜的换成烧火的后弄得一屋子乌烟瘴气……交换工作结束后，厨房的成员内心很愧疚，再也不抱怨了。

这个故事寓意很简单，换位之后，每个人体验到了当事人的感受后，意识到了自己曾经的肤浅，从而重新评判了包括自己在内的每一个人。

一位智者曾经说过一句话："把自己当成别人，把别人当成自己。"这句话很好地体现了换位思考的意义。人与人之间要相互体谅，理解了对方之后，才能更好地进行交流与合作。

多作一些换位思考，站在别人的角度，设身处地地想一下事情到底为什么会发生，对方为什么会有当时的反应，身在不同的位置，会有不一样的感受。

自我意识太强的人，面对一件事情，总是从自我的角度去考虑，用自己的主观判断来给事情下定义。这样往往会产生一种片面、极端的心理，也会对双方的沟通产生不好的影响。

著名作家安顿在她的著作《回家》中，曾讲到过一个故事，在这里，我们共同重温一下。

李强初中毕业后在辽宁农村插队，返城后从工人一直做到现在的公司副总经理。职位的不断提升，换来的是日益的忙碌以及与家人的渐渐疏远。他觉得自己的任务就是赚钱，让妻子和女儿过上好日子。家里也的确从来没让他操过心，可谓真正的妻贤女孝。在家里，他从来是衣来伸手、饭来张口。他的心里只想着工作的种种艰难，以为家里的一切只是理所应当而且简单容易。

这一切的理所应当在三年前被拦腰折断——妻子因车祸去世了。爱人去世后，因为要取消户籍，李强翻抽屉找家里的户口本。可是任凭他把家里翻了个底朝天，也不见户口本的踪影。这时的李强才发现，他对家里的一切是那么陌生，几乎一无所知。十几年的婚姻生活，他从不知道，妻子是怎样来维持这个家的。在李强的印象中，家里的一切似乎永远井井有条。平日替换的衣服、随手要用的东西、各种家用电器的说明书和保修卡、女儿从小到大的奖状……

每次需要什么，妻子总能及时将东西找到。这一切的一切，因为妻子的去世，都打乱了。他站在妻子的位置上体验了一下，才明白妻子维持这个家有多不容易。

这是一个并不关乎职场交际的婚姻故事，却让我们体会到了特别的含义。妻子去世之后迫不得已的"替位"，让李强体验到了妻子的辛苦。

而在我们日常的人际交往中，一些微小的事，如果从换位思考的角度去体察，也会让我们的生活少一些烦恼。我们都遇到过这样的事吧：当你想用寝室里的公用电话时，室友正好抱着电话在聊天，你左等右等也不见她有挂断的迹象，于是很生气。两个人就因为这样一件小事互不相让，直至恶语相向。其实，换个角度想，也许事情就会变了样子：看着她在打电话，你想，也许她有很重要的事，也许她正在热恋，这都值得体谅，和她互换位置，或许你也会是一样的表现。想通这点后，也许你跟她好好讲明自己的事情，把自己对她的体谅之情表达出来，说不定会是一场欢喜的结局。这虽是一件小事，但是，就是这些小事构成了我们的生活。学会解决好这些小事，生活之路才会更平坦。

换位思考，就是要我们在日常生活中，都能够设身处地为他人着想，能够想他人之所想，能够理解他人。从这个角度来看，换位思考是人对人的一种心理体验过程，能够设身处地、将心比心，才能实现人与人之间的相互理解。

在我们的生活中，社会地位的不同、生活环境的不同会造成人与人之间的千差万别，这样，人与人之间就不可避免地会产生感情、情绪的对立，误解的产生更是无可避免。在这种情况下，我们每个人都应该站在对方的角度考虑问题，深入体察对方的内心世界，这样，误解也许会变成理解，对立也许会变为统一，人与人之间的感情也会变得融洽许多。

能够理智地"换位思考"并不是一件容易的事，需要在日常生活中对情绪进行自我控制，需要有一颗大度、宽容的心。懂得换位思考的人，是明智的，也是深谙做人智慧的人；懂得换位思考的人，会在生活和工作中收获更多的幸福。

心 灵 鸡 汤

"责人之心责己，恕己之心恕人。"这是《增广贤文》中的一句名言。在我们的交际中，应该养成这样的一种习惯，当我们遇到一时的交际误区，与人无法沟通时，要多站在别人的角度想一想，学会去体验别人的感受。

非语言技巧是沟通的润滑剂

语言是人际沟通的重要工具，而非语言技巧则成为辅助工具运作的润滑剂。良好的非语言技巧的运用，能够让你的沟通事半功倍、畅通无阻。举手投足、一颦一笑中，往往会传达给对方很多信息，合理运用非语言技巧，是成功交际学的组成部分之一。

非语言沟通是相对于语言沟通而言的，是指通过身体动作、体态、语气语调、空间距离等方式交流信息、进行沟通的过程。非语言技巧包括很多方面，主要是指在与人交流的过程中，除却语言之外的、用以表达自我情感的部分。比如目光、笑容、手势、体态，等等。在人与人的交往中，非语言技巧往往会带来意想不到的结果。

小张是一个销售人员，进入公司三年，良好的工作业绩让她一路直升，做到了销售主管的位子。在公司内部交流经验的会议中，小张的总结让人颇觉深思。在她与客户的交往中，制胜法宝并不是人们以往经验中的"三寸不烂之舌"，而是更多的非语言交流。除了人们常说的面带微笑之外，小张很注意自己说话的语调，以及身体语言传达的内涵。在工作中，小张不仅仅是将自己看成一个普通的销售人员，只想着如何将自己的产品销售出去，而是很注重与人交流过程中自己的姿态。她坦诚的目光、得体的装束、大方的举止，让与她交流的客户感觉这是一个很优雅的人，从而对她产生信任。一旦信任的关系形成，接下来有关销售的一切也就不成问题了。

从以上的例子不难看出，小张非语言技巧的运用，已经成功胜过其他同事的"三寸不烂之舌"。其实这个道理显而易见，人与人的交流，不管彼此之间是什么关系，重要的是传达给对方的一种感觉，感觉对了，沟通也就顺畅了。

加拿大商务形象设计师英格丽·张曾经说过："在培训班上当老师要求学员用动作，而不用语言表示对某一事物的对抗和不屑一顾的态度时，每个学员都震惊地发现绝大多数人采用双臂交叉抱在胸前的动作。"双臂交叉抱在胸前，这样一个简单的非语言动作，我们在日常生活中几乎处处可见。但让人无法想象的是，它却成为阻碍你沟通之路的绊脚石。

初入公司的刘彦，抓住一切机会向公司的前辈学习。但是，他好学的品质并没有赢得同事们的赞誉，反而备受冷淡。一次例行会议后，刘彦被经理叫到了办公室，经理询问刘彦对刚刚的会议中同事们的发言有何意见，刘彦说没有。经理脸上一副不解的样子，说："既然没有意见，为什么刚刚开会的时候你一副很不以为然的样子。"刘彦一听，忙说："我没有啊。"经理说："没有吗？刚刚开会时你一直双手交叉在胸前抱着，身体后仰在椅子上，脸上面无表情。这些不是因为你觉得其他同事的意见不合你意吗？"刘彦听后慌忙辩解："不是啊，我没有这个意思，我双手抱胸只是一个习惯性动作，至于面无表情，是因为我在思考同事们的发言啊！"经理听后恍然大悟，"原来是这样。"刘彦回到自己的座位后回想经理的一番话，忽然明白了为什么自己四处求教，公司同事、前辈一副爱答不理的样子，原来他们和经理一样，对自己有着同样的误会。在向同事们解释并取得谅解之后，刘彦心里捏了一把汗。没想到自己一个习惯性的动作，差点成为自己人际和职场交往中的败笔。

在交谈的时候，一个不经意的动作，往往会传达给对方相反的信息，在浑然不觉的情况下，也许已经产生了误会。

很多年轻人刚刚进入社会，不懂得非语言技巧中的奥秘所在，往往会让人际交往停滞不前。

其实，非语言技巧常常融合在举手投足之间。非语言沟通技巧的掌握，也能体现一个人的气质。与人交谈时，目光要与对方直视，尤其是在听人讲话或是表达自己观点的时候，这样会让人感觉到你情感的真诚与坦荡。还有就是表情，要自然，面带微笑。当人与人之间的交往进入误区或僵局时，一个柔和的表情往往会化解问题和尴尬。另外，上面提到的双手交叉抱于胸前是一个太过自负而让人讨厌的动作，能止则止。

作为初入社会的年轻人，关于非语言技巧的运用，应该在平时多作注意。点滴的积累，会让你的沟通畅通无阻。

最后讲一个小故事，是有关非语言技巧中的一个方面——语调，就是我们平时与人交谈时说话的声调。它虽然附着在语言上，却是非语言沟通的组成部分之一。在这个小故事中，让我们领会非语言沟通技巧的种种魅力。

在一次欢迎外宾的宴会中，意大利著名悲剧影星罗西应邀参加，席间众人把酒言欢。酒过三巡，客人请罗西表演一段悲剧。于是罗西声情并茂地念了一段台词。尽管外宾多不懂意大利语，但看着罗西悲痛的表情，听着他悲怆的语调，很多人都潸然泪下。但席间的一位意大利人却忍俊不禁，原来，罗西念的不是什么悲剧台词，而是菜谱。这个著名悲剧明星，用他娴熟的演技，骗过了众人。在这一场表演中，语调与表情，已经成功压过语言，成为推动人们情感涌动的助推力。

　　初入社会的年轻人，应该在努力修炼自己语言技能的同时，学会这些渗透在细枝末节中的非语言技巧。只有两者的结合，才能让你做一个"舌灿莲花"的职场达人。

心灵鸡汤

　　非语言技巧的运用，不仅能为沟通架起一座桥，往往还能在举手投足的瞬间为人增添无穷的美丽。一个人优雅的体态、端庄的礼仪、坦诚的笑容，都是非语言技巧的组成部分。要学会将非语言技巧融入你的交际活动中，做一个魅力达人。

第4章
Chapter Four

掌握求职心理学，为职业生涯开个好头

初入社会，每个人都有着自己的职业理想，并渴望从中得到人生中第一份被认同。在求职阶段，掌握好求职心理学的基本原理，仔细体会其中的奥秘所在，能为我们的职业生涯开个好头。

克服盲目心理，充分了解应聘岗位

"广种薄收不如精耕细作"最早是农耕时的一句俗语，这句俗语同样适用于求职中。在寻找自己工作的落脚点时，人们往往抱着侥幸的心理，盲目跟风，漫天撒网，最终却往往颗粒无收。充分了解应聘岗位和自己的需求，才是成功进入职场的第一步。

在历年的招聘会中，求职人员漫天撒网的现象非常严重，他们往往并不了解招聘公司的情况，而是复印几十份甚至几百份简历，见到一家投一家，他们认为这样也许碰巧哪家就会给自己抛来橄榄枝。在浩瀚的求职大军中，流传着这样一句话："投100份简历，收到10家的面试通知，最后被1家录取。" 这些人并不会静下心来，了解一下自己和招聘单位，而是见大家上就闻风而动，是典型的盲从者。

在记者对相关情况调查后，发现很多求职人员求职时往往犹豫不决，不知道自己想要什么。很多人根本不看求职单位的要求，只是机械地投出简历。还有很多人抱着这样的想法："现在找工作多难啊，有人接受就不错了，合不合适先干着再说。"

　　以上现象，无不在印证着一种泛滥的因盲目而形成的盲从心理。盲从心理也称从众心理，是指个体在群体的压力下，会放弃自我的意见，而和大多数人保持一致，也就是我们说的"随大流"。

　　美国幽默作家詹姆斯·瑟伯曾经有这样一段精彩的文字来描写从众心理：

　　突然，一个人跑了起来。也许是他猛然想起了与情人的约会，现在已经迟到很久了。不管他想些什么吧，反正他在大街上跑了起来，向东跑去。另一个人也跑了起来，这可能是个兴致勃勃的报童。第三个人，一个有急事的胖胖的绅士，也小跑起来……十分钟之内，这条大街上所有的人都跑了起来。嘈杂的声音逐渐清晰了，可以听清"大堤"这个词。"决堤了！"这充满恐怖的声音，可能是电车上一位老妇人喊的，或许是一个交通警说的，也可能是一个男孩子说的。没有人知道是谁说的，也没有人知道真正发生了什么事。但是两千多人都突然奔逃起来。"向东！"人群喊叫了起来，"东边远离大河，东边安全。""向东去！向东去！"……

　　这段形象的文字为我们勾勒了一幅滑稽的场景，但在实际生活中，这种盲从并不少见。

　　在求职过程中，当个人对自己和求职对象缺乏了解时，往往盲从于身边的群体，从而形成了乱投简历的现象。

　　娜娜在大学毕业后选择了读研，三年的研究生生涯即将结束，娜娜开始了自己的求职之路。娜娜本科学的是教育专业，读研时学的则是教育心理学。研究生最后的半年，同学们在忙着写论文的同时都在四处投简历，娜娜也一样。但是，四年本科和三年研究生松散的学习生活，让娜娜面对被描述成艰辛无比的求职之路备感焦虑。她不知道到底走向何方，也不知道自己到底适合做什么，于是她开始随着同学跑大大小小的招聘会。因为不知道自己想干什么、能干什么，也不知道应聘的单位到底要求怎样，娜娜和同学们印了几十份简历。到了招聘会，凡是貌似跟专业沾边的招聘点，娜娜逐一不漏地投了简历，其中不乏外地的单位。结果，每每收到面试通知，娜娜整装打扮之后，就按指定的时间地点将自己"空投"到应聘单位。虽然精神可嘉，但结果却收效甚微。招聘会上的漫天撒网，让娜娜对自己投下简历的公司毫无印象。往往到了应聘单位，才发现双方在基础条件上就没办法达成共识。几个月过去了，为了毕业论文答辩，娜娜不得不停止这种大规模的撒网捕鱼的劳作。终于完成了答辩，马上就要离开学校了，娜娜却一筹莫展——新一轮的简历大战又要开始了。

娜娜的盲目，最终换来的还是毫无结果。她的经历，我想很多体会过的人都会有所感慨。

盲目地随大流，不只是在求职时心力交瘁，更会影响以后的职业生涯乃至整个生活和人生轨迹。

凌琳大学毕业在即，班里只有四分之一的同学找到了工作，凌琳就是其中之一，但他并不快乐。

掌握求职心理学，为职业生涯开个好头

　　高中时，凌琳想考心理系，做一名心理医生。因为高考失败，凌琳大学时选择了一个并不感兴趣的专业。四年的大学生活，让凌琳对所学专业更加厌倦。学习之余，凌琳一直没有放弃自学心理课程，但是毕竟不能系统学习，凌琳心理知识的储备完全没有达到专业的水平。临近大学毕业，凌琳在漫天撒网投简历后被一家公司录取，和大学所学专业正对口。班里也有很多像凌琳这样的情况，大家在面对毕业即失业的恐惧中，抓住一根救命稻草后就拼死不放。凌琳看到一边是理想，一边是现实，最终选择了现实。不过，他有一个安慰自己的理由，现在这家公司的业务多少可以和心理学沾边，可以在工作中慢慢积累经验。可是，凌琳进入这家公司之后才发现，公司里唯一和心理学沾边的业务根本轮不到自己。而且，凌琳初入公司，许多繁杂琐碎的工作都压在他的头上，让他无暇他顾。渐渐地，凌琳只能日复一日消磨着时间。毕业后的聚会上，因为很多同学和自己的情况相似，凌琳也渐渐地觉得自己不再是个异类，所以也不再想着去改变了。

　　凌琳的经历想必很多人感同身受。在我们初进职场时，因为不懂得了解自己和对方，渐渐进入一个离自己理想越来越远的环境，并因着人的盲从与惰性，让这个错误一直延续下去，从而彻底改变了自己的人生轨迹。

　　近些年，大学扩招使得大学生人数较往年急剧增加，大学毕业生的就业现状也越来越严峻。残酷的现实摆在面前，我们无从改变，就只好改变自身。初入职场的年轻人，缺乏对社会、对职场的充分了解，也面临着许多未知的困难和阻碍，以致许多人在求职过程中总会抱着"工作好不好，先要落稳脚"的心态盲目地开始就业。

我们每个人的具体情况都不尽相同，所以在求职的过程中必须结合自己的实际情况考虑，要明白：别人能做的事情不一定适合你。我们都在有意识地去寻找适合自己的工作，但并不是说不适合自己的工作就一定不能去做。"先就业，后择业"的就业思想还会在很长的一段时间内，对大多数初入职场的年轻人具有战略指导意义。

年轻人在求职的过程中，要在保证就业的大前提下，更加科学、理智地思考，客服盲目心理，充分、透彻地了解自己所应聘的工作，就不至于像只无头苍蝇乱飞了，也不至于因第一步迈错而终身后悔。

心灵鸡汤

职场和校园是完全不同的两个世界，进入职场，人生便进入了一片新的天地。职业的选择，和选择人生伴侣一样都需要慎重。选好自己的职业，也是选好自己通畅的人生轨迹的第一步。

察言观色，读懂面试官的心理

　　面试时，要学会做个"见风使舵"的人，当面试官的脸色或是言语透露出不良的信息时，要学会戛然而止。在面试官微微赞许的表情稍稍显露时，则应乘胜追击，拿下阵地。只有做一个懂得察言观色的人，才能轻松打通自己职场生涯的第一条通关大道。

　　察言观色是指通过观察言语脸色来揣摩对方的心理。在百听不厌的古代故事中，察言观色往往会用在善于奉承拍马的官员身上，说的是他们懂得体察皇上或是上级官员的心意，从而找到溜须的机会。历史上的和珅就是一个察言观色的最佳代表。

　　和珅之所以能成为乾隆面前的红人，最大的原因就是他善于体察乾隆的心思，能够轻易读懂乾隆的言外之意。乾隆喜欢吟诗作赋，和珅就四处收集乾隆的诗作并加以研究。此外，和珅对乾隆的脾气、爱好、生活习惯、思考方法了如指掌，乾隆的一个眼神或是动作，和珅马上就能深谙其意。这固然是因为和珅事前"功课"做得好，但即使在平时，和珅察言观色的功夫也是了得。朝中意见纷争时，和珅往往能仔细观察乾隆的言语表情，从而准确地作出符合乾隆心思的决断。

而如今，察言观色更多地被用在了人与人交往的学问中。一个会察言观色的人，能够适时体会他人的心意，才能避开对方的雷区，让双方的交流保持在最佳的状态。

对于初入职场或是寻求跳槽机会的年轻人，面试机会十分珍贵。在面试中，将自己的真才实学展现在面试官面前固然重要，学会对面试官察言观色，在表达自己意见的同时更贴近面试官的心思，才能使自己更有机会在面试中脱颖而出。

李媛大学刚毕业，开始了应聘之旅，很快便接到一家公司的面试。参加面试的人很多，为节省时间，每个人都被要求言简意赅。在叙述自己的基本情况时，李媛注意到面试官几次皱眉。一番交谈之后，面试官客气地说："先回去吧，有消息我们会通知你。"李媛听后并没有直接走，而是礼貌地问："请问我刚才的阐述哪些地方令贵公司不满意吗？"面试官听后，说："你为什么这么问？"李媛说："我见您几次皱眉，是不是哪些地方我没有解释清楚？我们可以找时间再沟通一下吗？"听了李媛的话，面试官说："其实我们遇到过很多跟你经历相似的面试人员，你们缺少工作经验，可能不太适合这份工作。"李媛听后，说："虽然我刚刚毕业，可是我以前在学校时曾参加过一些活动，经历和你们的要求也符合，这也是我应聘的原因。我在简历上只是简单标注，希望你可以给我机会详细叙述一

下，你们再作决定也不迟。我相信我会符合你们的要求的。"结果不出所料，面试官被李媛的善于察言观色以及自信征服了，李媛最终被录取了。

其实，李媛的成功很简单，只是她注意到了面试官的细节，多问了一句，从而为自己赢得了一个机会。

人力资源专家指出，在面试过程中，交流比表现更重要。面试人员学会察言观色很重要，通过面试官的表情尽早察觉出自己的回答是否合适。这样就能避免出现自己感觉良好，面试官却认为你答非所问的情况，而且一味口若悬河地表现，只会给面试官留下不好的印象。

一场面试中，面试官的语言表情是表达他对参加面试人员能力阐述的一种反馈。

意在跳槽的含笑在参加一家公司的面试时，面试官要求他简单阐述一下他在上一家公司主管的业务以及工作业绩。含笑抓到这个机会，开始将自己在原单位的业绩一一汇报，唯恐遗漏。在类似作报告的陈述中，含笑发现面试官的眼神开始飘向别处。但是含笑并没有适可而止，而是继续口若悬河地汇报。最后，面试官打断了含笑，说："简单叙述即可。"含笑听了非常紧张，以为面试官对自己不满意。于是接下来的面试中，含笑心里一直忐忑不安，直到面试结束。不出所料，含笑没有被录取。

含笑以为是自己的履历不符合要求，其实不然。面试官并非对含笑的经验不感兴趣，只是觉得含笑在叙述自己工作业绩时太过拖沓。并且面试官游移的目光早已表现出了他的不耐烦，如果含笑发觉这个细节之后尽快跳过自己冗长的叙述，转以简洁的叙述，也许又会是另外一个结果。但是直到面试官表现出了不耐烦并粗暴打断他，含笑才停了下来。被打断的含笑错以为自己的经历不符合要求，瞬间失去了自信，在接下来的面试中战战兢兢，最终给面试官留下了一个糟糕的印象，直至淘汰出局。

学会察言观色，不仅仅是简单地观察人的表情和体会人的语言，往往还要读懂其弦外之音。

面试官的"言"与"色"有很多种表现形式。比如，在交谈之后，面试官往往会问："你考虑过应聘其他的岗位吗？"很多人面对这个问题，往往以为这是面试官婉转的拒绝，其实不然。也许你应聘的岗位恰巧满了，但是面试官很看重你的能力，或者在面试的过程中他发觉你更适合另外的岗位，所以提出了善意的建议。又比如，在常规的面试之后，面试官深入地和你聊了一些细节的东西，并向你发问，这时要抓住机会来为自己的表现加分。因为细节的探讨在表明面试官对这个问题感兴趣的同时，也预示着他对你这个人感兴趣，需要用更深层次的沟通来做最后的决断。

学会去全面理解面试官的一言一行，才能在面试中胜券在握。要想真正读懂面试官的"心意"，有时候不能简单地看面试官说了哪些话，更重要的是要看他是如何表述这些话的，是意兴阑珊地随口问问，还是兴致勃勃地追问，这都需要我们仔细分辨。我们都知道"实践出真知"，只有尽可能多地在求职过程中锻炼自己，才能更好地掌握察言观色的技能。

初入职场的年轻人，要学会在自信地表达自我的同时，兼顾面试官情绪、表情、动作、语气等的细微变化，由此来对自己的面试行为作出相应的调整。只有读懂了面试官，才能完成一场完美的面试。

心灵鸡汤

无论是初入职场的面试，还是在职场中的拼搏，抑或生活中的人际交往，都应该学会察言观色，善于体察别人的情感。养成察言观色的习惯，做一个心思细腻的人。这既是一种尊重对方的表现，又能为自己的成功创造机会，还能表现出自己严谨、认真的态度。

剔除畏惧心理，勇于表现自己

芸芸职场众生，要想从人海中脱颖而出，畏惧心理是最大的拦路虎。中国台湾作家刘凯曾经说过这样一句话："生命是不能害羞的，害羞成不了气候。错过自己的天才，生命因此将是一场浪费。"同样，因为畏惧而错过表现自己的机会，机会也许永远不会再来。

约拿是《圣经》旧约中一个虔诚的教徒，一直渴望得到神的差遣。终于有一天，神交给了他一个任务——去宣布赦免本来要被罪行毁灭的尼尼微城。但是，面对这样一个神圣的使命，约拿却逃跑了。在心理学中，"约拿情结"用来形容那些渴望成长，在成长面前却又退缩的人。归根结底，约拿的畏惧，其实是一种极度的不自信，害怕展现自己的才能，不敢将真实的自己在即将到来的使命中淋漓尽致地展现出来。在现实生活中，这样的人比比皆是，无论是在求职还是工作的过程中，他们面对着本是天赐的机缘，却因为畏惧而让机会与自己擦身而过。

畏惧是一种常见的心理情绪，可以追溯到人内心最本真的想法。

畏惧心理的产生，究其根源，一是怕别人说自己太爱表现，也就是俗话说的"出头的椽子先烂"、"枪打出头鸟"之类的问题；另一个原因，也是最重要的原因，就是怕自己表现不好，最终适得其反。

关于产生畏惧心理的第一种原因——"枪打出头鸟"，只不过是一种人际舆论上的问题，大可不必过分理会。实际上，如果你不去出头，做一个缩头鸟，最终只会在职场的大浪淘沙中被无情淘汰。不敢大胆提出自己的想法、表现自己才能的人，最终只会留给公众一个平庸无能、碌碌无为的印象而被踢出战局。其实，学会适时表现自己，才能让他人更好地了解自己。

而"畏惧错误"一说更是不值得在意。无论是面试求职，还是初入职场，谁都是菜鸟一个，不犯错误的想法太不切实际。周恩来曾经有过一句名言："畏惧错误就是毁灭进步。"有时候，我们被面试官或领导看重的原因，并非是你观点的正确，而是你表达自己观点的勇气和思考的方式。

王铮和刘芸是大学同学，学的都是播音主持专业。毕业在即，班里的同学都在忙着到处推销自己，两人自然也不例外。巧合的是，两人同时接到了同一家电台的面试通知。顺利通过第一轮面试之后，王铮和刘芸被要求静候通知。正要离开面试的办公室时，一个电台工作人员进来，说是原定的下一个节目的嘉宾因故无法赶来节目现场，节目出现空场。面试结束的王铮无意问了一句是什么节目，工作人员的回答让她喜出望外。原来，这个节目是一个介绍作家与相关作品的节目，而这期的讨论议题的主角，正是她和刘芸最喜欢的一个作家。平时这个作家的相关资料、作品，她俩没少讨论过，于是王铮主动请缨，要求她俩做嘉宾。电台领导听了王铮的一番言辞，决定让她们试一试。但是刘芸却一个劲地摇头，她悄声说："我们从没实践过，再说，我们平时的讨论观点多幼稚啊，私下说说行了，放在电台这样专业的场合，会影响我们在电台领导心中的形象，你可别因为一时兴起砸了即将到手的饭碗。"结果，王铮一个人成了那期节目的嘉宾。虽然王铮的第一次电台经历无论从业务方面还是观点方面并不尽善尽美，但是，她勇于实践的作风以及在节目中的锋芒初露让电台领导很满意。一星期后，王铮顺利接到了电台的录用通知，而本来业务水平比王铮有优势的刘芸却落选了。

看似无心插柳的一次电台秀，却最终成就了王铮的职业生涯。王铮的成功，不过是因为她比别人多了一份敢于尝试的勇气。而刘芸的羞怯及畏于表现的心理，却使她错失了一个良机。

表面看，是因为王铮比刘芸多了一丝表现欲。其实，表现欲人人皆有，它是一种人的基本欲望，用以突出自己的个性特征，也是区别于他人的一种能力。通过自我表现，自己的才华、学识得到了体现，同时也为自己换来了更多的人生机遇。对于初入职场的年轻人来讲，适当的表现是让他人了解自己的最好的途径。

2010年上映的时尚大片《杜拉拉升职记》中，杜拉拉所在的DB公司的全球总裁要来中国区视察工作。中国区为了更好地迎接这位远道而来的老板，决定对公司进行重新装修，以期给老板留下一个好的印象，从而争取以后的关注度和资金调配。彼时，本应负责装修任务的主管玫瑰因为久得不到升职答复，而趁机发难，找借口休假，装修工作陷入僵局。而其他的相关人员以种种借口推脱。其实，谁都知道这是一个表现自我的机会，但因为装修的许多实际困难摆在眼前，在减少预算的前提下保持装潢的水准，大家都怕表现不好砸了自己的招牌。只有杜拉拉奋勇直上，接下这个烫手山芋。根据自己以往的工作经验，虽然经历了种种混乱，但杜拉拉最终圆满完成了任务。杜拉拉的表现，最终让人看到了她的能力，成为她职业生涯规划中最耀眼的一次经历。

聪明的杜拉拉，虽然在表现自己的过程中招致了种种非议，也遇到了重重困难，但她最终战胜了自己，为自己的职场奋斗历程打下了必不可少的一场攻坚战。勇敢地表现自己，让自己的人生履历更加丰富多彩，这是每一个初入职场的年轻人必须学会的课题之一。

被誉为"音乐神童"的奥地利音乐家莫扎特，在维也纳的一场音乐会中结识了一个年纪轻轻的音乐少年。在早已成名的大师面前，这个十几岁的少年毫不畏惧。惯例表演之后，少年面对莫扎特敷衍的褒扬不以为然，决定挑战大师，让他看到自己的与众不同。在莫扎特指定的音乐主题下，少年倾其全部情感，即兴演奏了一曲荡人心肠的音乐作品。莫扎特一时震惊万分，并预言，有一天，这个年轻人的音乐将会响彻全世界。果不其然，这个并不怯场的青年人日后名扬世界，成就了一代传奇，他就是被誉为"乐圣"的一代音乐大师——贝多芬。直到今天，他所创作的音乐，以及他的经历，依旧流传在世界的各个角落。

年纪轻轻的贝多芬，面对早已誉满全球的音乐大师莫扎特并不畏缩，而是将自己的才华淋漓尽致地展现了出来，这个关于两个大师的故事告诉我们，积极的表现欲是个好东西，它能够让我们的才华得到适时展现，能够让我们的人生多姿多彩。

其实，无论是在求职过程中，还是初入职场时，年轻人大可不必因为资历尚浅而过分隐藏自己的才华。因为无论是对于公司还是自己，双方都有一个相互了解、认知、观望的过程，如何恰当地表现自己，让自己的才华得到最大限度的发挥，这才是我们需要在意的问题。

心 灵 鸡 汤

俗话说："机会是留给那些有准备的人的。"同样，机会也是留给那些勇于表现自己的人的。懂得勇敢、适时地在众人面前表达自己的意见，展现自己的才华，才能在职场站稳脚跟，成就属于自己的一片天地。

适当谦虚，过于张扬不能给自己加分

谦虚是中华民族的传统美德，然而，面对着今天主张张扬个性的社会，"谦虚"这个词已经渐渐被遗忘了。但是殊不知，这种已被张扬个性的一代摒弃的品质，却是很多用人单位所苦心追求的。

时代在日升月落中渐渐轮换，一代又一代的曾经被视为孩子的人，如今已悄然站在了人生舞台上，开始了属于他们的人生。在时代的更替中，很多传统被颠覆，很多曾经的理所应当变成了今日的不知所云。曾经，我们被教育，"一个人要谦虚，不要张扬"。现如今，打着"张扬个性，谦虚过时"旗号的新一代，正在大步地向我们走来。但是他们领会错了概念，张扬个性不等于过分张扬。

张扬个性是一种精神，是一种自我表现的特质；而过分的张扬，则是一种卖弄和炫耀。

一个人在表现自己观点个性时可以鲜明而富有自我特征，但是在尊重事实的前提下，适度的谦虚、内敛依旧是人生中的美好品质，它可以让你在谦逊中体验不同的人生。

在面试中，应该尽量抓住机会，在短短的面试时间里努力将自己

的特长展现给面试官。但是，口若悬河的夸夸其谈并不可取，只会给面试官留下狂妄的不良印象，而一旦发现你的名不副实，第一个出局的，必然是你。

李曼在一家艺术学院攻读表演专业，大三时，李曼的老师通知她去参加一个电影的面试。电影要制作一部年代戏，面试的角色是一个进步学生。制片方在发布面试通知时要求参加面试的人员要素颜出镜，以便和片中角色吻合。老师也把制片方的要求告诉了李曼，并一再叮嘱她好好把握这个来之不易的机会。出发那天，李曼却偷偷在自己的脸上做了一个手脚——她画了眉。到了片场，看着很多素颜而来的面试演员，李曼心里很不以为然。面试开始后，负责面试的副导演看了李曼一眼说："不是要求素颜吗？你为什么不遵从我们的要求？"面对副导演的厉声询问，李曼撇撇嘴，心里说："凶什么凶？待会儿试戏你就知道我的厉害了。"试戏时，因为分成不同的组别，很多没有轮到次序的演员都坐在一旁安安静静地看着其他人试戏。但是唯独李曼坐在一旁戴着耳机听音乐，丝毫不在意别人的表演。因为她很自负，也并不把其他人放在眼里。轮到李曼时，她根据自己的设想预演了一遍，让李曼感到奇怪的是，她并没有得到预想的赞扬。副导演厉声说："我刚刚说的你没听到吗？这是我刚刚禁止的表演方式，为什么还不注意？"李曼听了有些发蒙。副导演说："从一开始你就太过自以为是了。尤其刚刚在片场，很多演员都在关注场上变化，向他人学习经验作以借鉴，为什么只有你跟别人不一样？我的确欣赏自信的人，但过度自负、自以为是的人就太过了。"面对这番劈头盖脸的话，李曼蒙了。

李曼的自负，实际上是她的张扬，她的张扬让她亲手葬送了这样一个好机会。

像李曼这样过于张扬的人，比比皆是，这样的人不懂得谦虚，也不认同谦虚。在他们的世界里，最看重的只是自己，无视他人。他们恨不得将自己的所有才华都展现出来，别人不值得效仿，自己也没有谦虚的必要。人外有人，天外有天，这些亘古的真理他们不懂，他们根本不知道，自己的张扬，有多少是面对世界的无知造成的。

当然，谦虚也应适度。"过分谦虚是骄傲的表现"，这是我们时常挂在嘴边的一句话。尤其在面试的过程中，过度谦虚，不仅会给面试官留下虚伪的印象，还会让自己错失许多机会。

在A公司三年之后，莉莉准备跳槽。接到一家公司的面试通知之后，莉莉准备好了简历和相关材料，坐在了负责面试的公司主管的面前。主管在了解了莉莉的基本情况之后，对莉莉说："你的工作经验很丰富，在管理方面有哪些经验和体会啊？"莉莉说："我原来那个公司的规模小，平时的管理工作也只是一些类似高级打杂的事务，跟贵公司相比，恐怕小巫见大巫了。而且，每个公司的运作模式不同，恐怕我的经验在你们这里也不适用。"主管问："那你觉得你适合你现在应聘的职位吗？"莉莉说："也许我的经验有许多不足之处，不过我会向其他人学习的。如果我应聘成功，我会在工作中边干边学。"主管听了莉莉的话之后，沉默了一会儿，说："对不起，我们现在没有合适的机会，让你白跑一趟了。"莉莉听了，说："为什么？你们不是对我的条件满意才让我来面试的吗？"主管说："可是我们这里不是培训中心，我们要的是一个能立即上岗的管理者。既然你说很多方面你不懂，那我们只好另请高明了。"

莉莉真的和应聘公司要求的距离相差悬殊

吗？其实未必。莉莉的后悔，相信很多明眼人都深谙其理，正是她的过度谦虚、想要留给面试官一个好印象的心理误区，最终导致了她的出局。

职场沉浮，竞争可谓真惨烈。如何在期间脱颖而出，这里面包含许多学问，而如何恰如其分地表现自己，就是其中之一。愿每个即将奔赴职场的朋友都能找到属于自己的方式。

心 灵 鸡 汤

谦虚与张扬，重在把握一个度的问题。在适度谦虚的前提下，充分把握展示自己才能的机会，才是最佳的选择。年轻的朋友，不要让谦虚埋没了你的才华；也不要让张扬葬送了本应属于你自己的机会。谦虚而不忘展现自己，张扬而不过分，才是每个年轻人应该掌握的技巧。

端正心态，忠于主业

　　"三百六十行，行行出状元。"初入职场的年轻人，不要妄图做一只张狂的章鱼，把触角伸向四面八方。端正心态，忠于自己的主业，才是最佳的选择。因为人的精力有限，在这个竞争激烈的职场中，做一个行业的专业人士，远胜于做一个犹如"万金油"的杂家。

　　面对竞争激烈的职场，面对纷繁复杂的行业，初次踏入社会的年轻人总会有些茫然。尤其在这个选择自由的年代，跨专业发展的人越来越多，这一现象也让面对工作选择的年轻人"野心"越来越大，加上竞争激烈，很多人开始漫天撒网，不再专注于自己的主业，而是多管齐下。

　　多方撒网固然是一种竞争方法，但是如果过于分散自己的精力，忽视自己的主业，就会在竞争的第一道起跑线上落于下风。

　　这是一个行业纵深度不断发展的时代，分工的精细度不断加深。面对某一个领域，雇主们更愿意找到符合自己要求的专业人士，而不是什么都懂一点的"万金油"。

　　而对于个人来说，做一个忠于主业的人，有利于集中能量发挥自

己的长处。俗话说，一心不得二用，在工作中，做一个专心的人，更容易让招聘公司看到你的专业和敬业精神。

在应聘期间，做好自己的经验和经历总结，找出自己的主业和长处，不要做一个"吃着碗里看着盆里"的贪心人。

大学就读学前教育的婷婷毕业后，开始四处应聘。学生时代的学习，理论多于实践，这让婷婷面对着与自己专业对口的幼儿园很是心虚。

即使竞聘之路很艰难，四周很多同学依旧坚持着找一线幼儿园的选择。因为对于学前教育专业来说，一线幼儿园是一个更利于长远发展的方向。一方面，如果一直坚持在幼儿园工作，不管初始的起点、幼儿园的级别怎样，都有利于一线经验的积累，这对于以后的发展很关键。另一方面，即使将来想继续考研，一线幼儿园的工作经历也是非常重要的。因为无论是从事哪种相关的学前理论研究，有了在幼儿园工作的经历，就能够更前沿、更贴近理论的发展。尤其现在国内的幼教环境，虽然就业之初起点困难些，但前景却是十分光明。

面对着毕业的压力，婷婷一时乱了方向。一个月，婷婷投出了几十份简历，却是分散在各个似乎和学前教育专业相关的方向。每当收到面试通知，面对面试官，婷婷总是作着一种模棱两可的陈述，试图"脚踏几条船"获得工作的机会。但是分支太多的婷婷，没有端正自己的心态，和自己的主业做着对抗。面试官让婷婷阐述职位选择时，婷婷总是回答"都可以"。虽然面试的工作大多并没有专业对口的要求，但是，这种杂家的心态，最终让许多面试公司将婷婷拒之门外。

婷婷的心态，很多初入职场的年轻人都曾经历过。婷婷广播种子的举动，其实是一种不忠于主业的杂家心态。她不同于那些不知自己方向胡乱选择的人，而是妄图在众多选择中能够"众中选一"，为自己的将来拓宽道路。

　　但是，正是这种贪婪的心态，反而阻碍了年轻人的发展。试图作多种尝试的心态是正确的，但初入职场的年轻人，还是应该端正心态，不会走就想学跑的心态，是职场的大忌。

　　王毅毕业后，进入一家小型销售公司做财务。这对学会计出身的王毅，算是一种专业对口的选择。半年的工作经历，王毅逐步熟悉了财务工作的相关流程，并被提升为财务部主管，在自己的专业财务工作之外，还负责新人的辅导和培训工作。身份的变化和职位的提升，让王毅有更多的机会接触到公司的其他部门的同事。王毅所在的公司是一家小型公司，人员不多，所以很多工作分工并不明晰，相互都有交叉。面对公司其他部门的工作，王毅也产生了兴趣。作为公司的中层管理者，和王毅相同级别的同事并不多，大部分都是公司的"元老"。由于公司规模小，管理并不规范，有些部门的主管往往是身兼两职。不久前，公司某部门的主管刚刚辞职，刚刚做上财务主管的王毅，也产生了身兼两职的兴趣。但由于财务部门的工作既繁重又有独立性，老板并不赞成王毅身兼两职。但是王毅坚持老板给他这个机会。鉴于王毅以往的工作能力和表现，再加上暂时没有合适的人员可调整，老板答应让王毅试一试。

　　走马上任的王毅，除了应付日常的财务工作，开始肩负起另一个部门的任务。但是很快，王毅开始出现问题，两个部门的繁重工作，让王毅面对主业财务部有些力不从心。但是，试图多面发展的王毅不愿意认输，想硬撑着完成工作，以证明自己与众不同的能力。渐渐地，财务部的工作分配和细节方面出现了问题，由于还有另一个部门的工作，王毅总是对此含糊带过。发现问题的老板开始提醒王毅，让王毅退出另一部门的管理，专心主管财务工作。但是王毅不愿意认输，坚持自己可以兼顾多职的选择。最终，当财务部和王毅监管的另一部门频繁出现问题时，本想身兼数职的王毅最终被一撸到底，成为财务部的一名普通员工。本想多管齐下的王毅，最终因为贪心而失去了自己的主业，错失了发展的良好机会。

王毅的失利，其实就是他没有端正好自己的心态。没有人是全能的，没有人有三头六臂，有多面发展的愿望是好的，但忠于主业的发展才是最稳固的选择。在做好自己的本职工作后，多方面锻炼自己的能力是一种良好的尝试，但没有做好本职而增加其他的兼职，则是一种愚蠢的不敬业的选择。

初入职场的年轻人，应该学会端正心态，忠于主业，一步一个脚印走好自己的职场之路。

心灵鸡汤

面对着让人眼花缭乱的职场，初次踏入的年轻人，应该学会把持住自己的心态。虽说三百六十行，行行出状元，但年轻人应该找好自己的主业，在初次进门时便确定好自己的方向。在既定的职场之路上，不要做无头苍蝇，到处乱撞，而是应该走出属于自己的一条路。

正确看待应聘失败，不可陷入怀才不遇的误区

这是个竞争加剧的时代，即使面对一时的应聘失败，也应该淡然视之。不要纠结于录取单位的不识人才，而是要从自身找出原因，看看是不是自己哪些地方做得还不够。面对失败，学会问自己一句："你真的已经做到一百分了吗？"

古往今来不乏怀才不遇的事，每个地方也都有怀才不遇的人。韩愈的《马说》中写道："千里马常有，而伯乐不常有。"说的就是这个道理。

韩愈早年不得志。20岁，正是风华正茂的时候，韩愈赴长安考科举，三次落第。好不容易在25岁中了进士，29岁才谋得一个小小的职位，却在以后的岁月中屡屡受挫，一再被贬。在将近30年漫长的仕途中，韩愈官运一直沉浮不定。无论是在灾害时期上疏减免赋税，还是在当时宗教斗争中的反佛思想，都让韩愈吃尽苦头，不仅屡屡被贬他乡，还险些丧了性命。

韩愈文学成就卓著，在官场也是屡有作为、颇具才能。但是当时的政治环境，让韩愈屡屡受挫。在那个特殊的历史时期，韩愈可谓是怀才不遇的典型。哀叹"伯乐不常有"的韩愈在沉浮的仕途中五十七岁时病逝于长安。今天,当我们在他留下的文学精粹中徜徉时,总会感叹他一生被贬路上的辛酸。

然而今天,当我们以这些怀才不遇的典型来聊以自慰时,我们能不能扪心自问,自己的"才",到底有几分真实性。

即将大学毕业,和班里其他同学一样,小张忙着置装和制作简历,准备开始杀向职场。外在包装完成之后,小张开始跑招聘会。人山人海的招聘会,让小张踌躇满志。他精心挑了几家专业对口的优秀单位,信心满满地将简历递了出去。但是让小张始料不及的是,接过简历的公司看过小张的简历后,礼貌地说:"简历先放这里,有消息我们再通知你。"还有几家公司更是直接拒绝:"对不起,你的条件不符合我们的要求。"为此,小张很郁闷。招聘会后的几天,那些让小张等消息的公司也再没消息传来。辛辛苦苦印制的豪华简历以及满腔的热情就这样付之东流。小张人生的第一场招聘会,就这样草草结束。不久,小张又参加了一场招聘会,但是结果仍然不尽如人意。一次次打击,让小张心灰意冷。在学校,小张自认为各方面条件还不错,对即将的就业前景也是信心满满,但求职时遭遇了两次失败,小张满心愤懑,总觉得自己的才能得不到用人单位的赏识。以后,再有同学拉小张去招聘会,他就开始拒绝了。

六月来临,又一批毕业生走出了校园,开始了自己的成人之旅,而小张却依然面临着毕业即失业的窘境。

小张的面试经历,相信很多年轻的朋友都遇到过。当我们自以为

满腔热情、满腹才华地奔向职场时，却遇到这个社会和一些人的兜头冷水。面对这样的遭遇，我们该如何面对？

李华在一家公司做了三年的编辑后准备跳槽。在原单位的三年，李华不知有多少日子是在加班中度过的。作为公司的编辑部主管，李华上对公司经理负责，下对几个刚刚毕业的大学生进行管理。除了自己每天的例行工作之外，李华还要负责为手下的同事收拾残局。今天A的组稿出了问题，明天B的封面出了问题，面对着状态百出却又面露无辜的新同事，李华几度抓狂。数度跟经理反映未果，李华终于决定辞职。

打着公司编辑主管的头衔，李华轻轻松松地接到几家大公司的面试通知，自信满满的李华对当前的战果很是满意。原本以为自己处于主动选择位置的李华，却莫名其妙地在所有的面试中败下阵来。

李华倍受打击，想着自己的种种遭遇，忍不住向好友抱怨："为什么我一个堂堂的编辑部主管，却连一个普通编辑职位都应聘不到？这些大公司太欺负人了，不就是看我以前的公司规模小，因为这而瞧不起我吗？"好友却很冷静地说："这些公司不都是在接到你的简历后才邀你面试的吗？怎么可能因为你原来的公司规模小而不聘用你呢？如果是这个原因，他们在接到你的简历看到你原来的工作单位时就不会要求你参加面试了。"李华还是很不忿。好友问："他们面试内容是什么呢？"李华说："无非是一些有关编辑的基本素质的东西，大同小异啊。"朋友说："我来帮你分析分析，其实你所在的单位规模小是事实，而且从出版质量和能力上的确不能与你刚刚应聘的公司相比，你得承认这个事实。而且，这几年自从你当上主管之后，平日里应付的只是一些琐碎的事务而非专业的编辑业务。也许最初你的能力大家有目共睹，但时间长了，久不动笔难免水平下降。也许你应该从这个方向考虑一些问题，放低心态，而不是从应聘公司的方面找症结了。"

李华听了朋友的话后，碍于面子不发一言，一副不置可否的样子，但她心里不得不开始考虑好友提出的这个问题了。

李华的问题也是一个常态问题。我们总是在原地不动地看问题，我们以为自己没变，其实个人问题就如同那句古话："逆水行舟，不进则退。"我们在踏步的时候，他人已经在竞争中大步向前了，可我们自己的思维、能力还停在过去。当我们一再抱怨别人没有一双明亮的眼睛发现我们的优点时，我们其实也许早已被遗忘在了身后。

初入社会的年轻人，在遭遇应聘的失败时，先不要自怨自艾，而是要冷静评估一下自己的能力，看看是不是自己出了问题。一个善于自省的人，才能进步。如果只是应聘的单位和自己的要求不符，就要及时转换公司。无论是对自己还是对公司条件的审视，都力求站在客观的角度，摒弃怀才不遇的错位心理，为自己的职场之路做好准备。

一个自认为佛学造诣很深的人听说某寺院有一个德高望重的禅师，便去拜访。禅师的弟子接待他时，他非常傲慢。老禅师于是亲自接待他，并为他沏茶。但奇怪的是，茶杯明明满了，老禅师还在不停地倒水，访客非常不解地问老禅师为什么茶杯满了还不肯停手。老禅师说："是啊，既然满了，为什么还倒呢？"这句话的禅意很明显："你既然觉得自己很有学问了，为什么还来我这呢？"访客一听，连忙叩谢悔过。

这个"空杯心态"的故事，送给初入职场的年轻人。在我们每次决定重新起航时，都应该把自己倒空，做一个空杯，踏踏实实地从头再来，不要总是怀着一颗孤芳自赏的心，在怀才不遇的感叹中错失自己前进的机会，而是应该摆正自己的心态，在任何挫折来临的时候，都能够沉着应对。这样，你才能在未来的生活中，活得更加洒脱与轻松。

心灵鸡汤

　　人生漫长，一路上遇到挫折失败在所难免。如果在失败之后，只是一味地自怨自艾，那将会失去前进的动力及可能到来的大好时机。尤其是初入社会的年轻人，一切的境遇都不同于以前，人生面临更多的挑战，要学会客观看待自身，为自己寻找一条理想的生活轨迹。

真功夫比什么都重要

面试中，应聘者方方面面的情况，都会成为面试官综合考虑的因素。但是，不可否认的是，在这些方方面面中，最重要的是应聘者的真才实学。因为只有有真才实学的人，才能为公司创造更大的利润。

战国时期，齐国国君齐宣王爱好音乐，尤其喜欢听人吹竽。官廷中汇集了300名善于吹竽的乐师随时供齐宣王差遣。因为齐宣王讲究排场，每次听音乐，总是让300名乐师一起给他演奏。

无所事事的南郭先生听说后，觉得有机可乘，就跑到官廷对齐宣王说："大王，我吹竽的技巧很棒，请大王收下我为你服务吧。"齐宣王听后便将他编入乐队。每次演奏时，在300名乐师中，南郭先生总是混在其中不出声，因为他根本就不会吹竽。但是他摇头晃脑的样子以及和众乐师看似一致的动作，给了他很好的掩护。南郭先生享受着优厚的乐师待遇，非常得意。

可是好景不长，过了几年，爱听合奏的齐宣王死了。他的儿子齐湣王即位。齐湣王的爱好和宣王不同，他喜欢听独奏。听到这个消息的南郭先生，害怕暴露自己只得收拾行李连夜逃走了。

这个南郭先生的故事，我们从小听了无数次，它还有另外一个名字，叫做"滥竽充数"，用来讽刺的就是没有真才实学的人。

今天，初入职场的我们，面对着单打独斗的层层面试，恐怕很难像南郭先生那样蒙混过关了。

很多人都把面试看得很重。的确，面试是我们职场生活的第一道关卡，只有跨越了这一道关卡，我们的职场生活才能徐徐展开。过好面试第一关，显得尤为重要。

面试之中，需要注意的因素有很多，比如穿衣打扮、言谈举止、简历制作等，这些环节都是构成我们留给人的第一印象的基础因素。但是，万事都有轻重主次之分，在这些因素中，人本身的才能才是真正的重中之重。

很多人在平时不注重自我能力的提高，而在面试或是寻找新的工作机会的时候，往往期望用才能之外的因素来掩盖自己能力的缺失。然而今天的我们，面对着层层面试，恐怕很难像南郭先生那样蒙混过关了。

米洛从新闻学院毕业后，开始向传媒单位投简历应聘工作。在投简历的同时，米洛的形象工程也开始开工。除了定期的美容之外，米洛花大笔钱购进了品牌的化妆品和衣物，妄图在形象上打好一仗。此外，米洛还专门联系专业公司为自己制作了精美的简历。在这一切准备妥当之后，米洛迎来了她的第一次面试——一家传媒公司的出镜记者。面试的当天，米洛盛装出场。到了面试地点后，米洛见许多来应聘的人穿得都很简单随意，心里得意地以为在外表上已经占尽了先机。在面试的时候，面试官要求米洛即兴做一段对现场参加应聘的人的采访。米洛没想到第一轮的面试就要进行实践，因为事前没有进行相关的准备，米洛心里一时没了底。采访期间，米洛的提问磕磕绊绊，再加上紧张，在镜头面前，米洛的小动作不断。面试结束后，米洛见主考官对自己的情绪已不像起初那般，便问自己是不是没有戏，问题在哪里。面试官见她很诚恳，便向她道出了原委。原来，从米洛一走进面试地点，面试官对她的印象便大打折扣。因为公司应聘的是社会新闻的记者，米洛本身过于华丽的衣服已经和工作背景相违背了。再加上现场实践采访期间，米洛表现得很不自信，不间断的小动作将众人的注意力都转向了她以及身上过于显眼的饰物，这个采访从一开始就走进了误区。

米洛委屈地说："我穿盛装是因为对这次面试的重视啊。"面试官说："这个我可以理解，但是过犹不及。更何况，相对于外表，我们更看中的是实力。一个有真功夫的人，平凡的外表不会夺去他才华的光芒，但一个只拥有华丽外表而没有内涵的人，很难被人注意到。"

面试官的一番话，让米洛思绪万千。

有很多新闻媒体都对大学生毕业后为求职而进行的整容风潮作了报道。报道指出，每年求职招聘季即将到来时，都是学生群体趁假期进行各类整形美容手术的高峰期，越来越多的学生试图通过改变形象来增加自己求职成功的机会。

专家提醒，"面子工程"面前，要保持理性。专家称："一个长相漂亮、打扮入时但能力平平的人，会给人中看不中用的感觉。第一印象在面试中的确占有很重要的地位，但并不是相貌平平者不受企业欢迎。大多数知名企业在面试时更看重应聘者自身的综合素质、能力和自信心。美貌确实可以为求职者带来比别人更好的机会，但最终还是得依靠实力。"

当然，所谓的注重实力，并不是说外在的东西都不重要。正如上所说，在面试时，端庄的外表、得体的服饰，既可以显示你平时的品味，又可以让应聘单位感受到你对这次面试机会的重视，从而为自己的面试加分。

我们应该看到的是，一切的外在都是为内在服务的，一个没有真才实学的人，不能为企业创造出利润，当然也无法体现出自己的价值。

现在的社会是一个浮躁的社会，很多人在学生时代荒废了学业，毕业后仓促找到一份得以糊口的工作，然后就是频繁地跳槽，在不断的变化中，工作内容在变，工作单位在变，唯一不变的，是自己的业务水平和工作能力。尤其有些在社会上待过几年的人，有了进入一个行业缺口的机会之后，便不再钻研业务，只是凭着一些工作能力之外的东西来达到安稳的目的，这样的人，做什么都不会长久，自己也很难得到提升。

这是一个开放自由的社会，人们对价值的追求愈加明显。没有人会做赔本生意，一个单位把你招聘进来，需要的是用你的能力为他们创造效益。没有人会养着没有用途的人，要想在不断发展的社会中扎稳脚跟，真才实学才是根本。不要妄图靠钻营取胜，因为你最终会发现，那样做的后果，只能是自己被淘汰。

做一个靠自己的一技之长生活的人，在初入职场的时候，在准备进入一个行业的时候，要打好扎实的基础，才能在这个充满竞争的社会中生存下去。一个不踏实于提高个人竞争力而四处钻营的人，最终会被社会踢出局。

让我们在初入社会的时候，就要学会摒弃浮躁的外表，安心在个人能力的提高上下工夫，做一个有真才实学的人，来迎接社会各方面的挑战。

心灵鸡汤

相比于面试时的着装、言谈等外在因素，一个人的真才实学更容易得到面试官的青睐。在这个竞争激烈的社会，只有有真才实学的人，才能在初入职场的初期，凭借自己的才能为自己谋得发展的机会。

第 *5* 章

Chapter Five

职场心理学助你左右逢源

　　职场之路，充满荆棘与鲜花。如何在其中展翅翱翔，职场心理学会帮你选择最适合的路径。做一个职场心理学的大师，在职场风云的变幻莫测中脱颖而出，成就属于自己的梦想。

初入职场，心理压力不可要

心理学家格拉斯通在其提出的"给人带来明显心理压力的生活变化"的理论中指出，工作的改变就是因素之一。初入职场的年轻人，面对生活环境的变化会产生极度的不适应。学会缓解这种改变带来的心理压力，才能在职场竞争中扬起风帆，勇往直前。

现代社会竞争加剧，"心理压力"成了人们总在口头上挂着的一个词。我们已经进入了一个全民焦虑的时代，初入职场的年轻人，也是这个焦虑人群中的一分子。

环境的变化让人无所适从，周围不再是相伴十几年的校园环境，而是完全进入了一个陌生的领域，在这个领域里，我们要重新适应，去面对很多以前从未遇见的问题。不再是衣食无忧的年纪，未来的生活也不再是学生时代的按部就班，而是未知之旅。我们不免会有这样的顾虑——我会适应这个全新的环境吗？我的工作能力符合公司的要求吗？我可以和公司的同事相处融洽吗？我会遇到多少挫折？

压力不是一个好东西，它不仅会让我们因焦虑而无法释放自己的能量，还会破坏我们身体的免疫力，在影响我们心理的同时，也给我们的身体带来危害。无处不在的"职场亚健康"就是一个证明。

小马进入A公司半年了，A公司是同行业中的佼佼者。颇有实力的小马自从进入公司以后，就一直没有摆脱对未来的担忧。作为同行业领军人物的A公司，制度严谨，节奏非常快。虽然熬过了3个月的试用期，但是被正式录用后的小马却仍是感到压力无穷。

公司每个员工每天的工作绩效精确到秒。从早上一进公司，小马便处于高度紧张状态，每项工作都有严格的时间限制，这让小马丝毫不敢松懈。一天下来，只有在下班的最后一刻，才能喘口气，看看窗外的蓝天。由于紧张的工作，即使坐在身边的同事一天也难得说上几句话，大家交流不多，感情自然也无从谈起。辛苦了一个月，到了月底，各种绩效考核、业务学习，又让小马神经紧张。稍有闪失，便会被老板训斥一顿。兢兢业业的小马挨批评之后，满心委屈。回到家后，工作带来的压力无处宣泄，家人和朋友便成了小马的"出气筒"，这让彼此之间的关系变得紧张。

除了这种种遭遇，小马心底深处还有一种无法向外人言说的压力，就是即使这样拼命，小马也不知道自己到底能在A公司坚持多久。对未来的担忧，让小马情绪雪上加霜。

转正2个月之后，曾经活泼好动的小马备感压力，身体开始出现不适，敲起了警钟。面对着曾经梦想的职业生涯，在最初期小马就遭遇了意想不到的打击。

小马的经历，相信很多人都感同身受。但是我们也应该知道，完全没有心理压力的情况也是不存在的。既然如此，我们就应该学会如何缓解压力，把它对我们的身心危害降到最低。

和小马有着同样经历的弦子是一个聪明的女孩，她谦虚、好学，性格开朗。面对初入职场的种种困难，弦子坚持自己的原则：踏实学习，永不言败。值得一提的是，弦子是一个非常善于管理自己情绪的人。在工作中，偶尔与同事或是上司发生分歧，弦子也总是面带微笑，与对方心平气和地交谈。直爽大方的性格让弦子收获良多，即使在工作中遇到了什么委屈或是压力，她也总能把这些不良情绪悄悄转移。生活与工作，弦子分得很清，上班时，兢兢业业；下班后，看书充电、享受生活。日复一日，初入职场时懵懂的女孩渐渐变成了职场丽人。

对比小马和弦子的经历，相信大家都明白了个中原因。面对着像空气一样无处不在的压力，我们该怎么办？

首先，要学会控制自己的情绪，不要将不良情绪带到工作中来。一个有自控力的人才是一个有力量的人。

初入职场压力过大，人很容易产生焦躁情绪或是强烈的自我否定。由于缺少足够的经验，可能会面临一些琐碎而单调的工作，不要抱怨工作的无意义，要知道这是通往职场的必经之路，而且一件事有无意义在于你以怎样的心态看待它。要在这些琐碎中寻找乐趣与经验，为将来打下坚实的基础，万不可在抱怨中空虚度日。

其次，不要对工作和自身能力过于担心。天天担心自己会被解雇、会不合格，倒不如努力在闲暇之余充电，尽量提高自己。

　　至于人际关系方面，做一个谦和的人，学会用真诚的心去与人交往。职场社会不同于学生时代的天真烂漫，要学会更大度的为人处世原则，做一个有教养的人。

　　当你感到压力很大时，不防大笑一下。专家指出，当你大笑时，你的心肺、脊背和身躯都得到了锻炼，胳膊和腿部肌肉受到了刺激。大笑之后，你的血压、心率和肌肉张力都会降低，从而使你放松。

　　积极健康的生活方式和习惯是消除压力的最有效办法之一。下班后可以和朋友聚一聚，倾诉一下，与朋友分享你的喜怒哀乐，让压力找到一个宣泄口。另外，还可以听听音乐、做一些运动，让紧张一天的身心得到放松，从而精力充沛地面对第二天的工作和生活。此外，保持良好的饮食习惯和积极健康的情绪也是缓解压力的制胜法宝。

　　最后，讲一个有关压力管理的小故事。

　　培训课上，老师拿起一杯水，问学生："你们说这杯水有多重？"大家畅所欲言，有说一斤的，有说半斤的。老师说："这杯水的重量不重要，重要的是你能拿多久？一分钟，三分钟，五分钟都没问题。到了一小时，可能就会手酸。拿一天，可能就要住院了。拿得越久，就越觉得无法承受。这和人们承担的压力一样。三天五天可能没关系，但天长日久，小小的压力也会变得难以忍受。所以面对压力，我们应该学会放下。张弛有度，才能长久。

　　压力对于我们自身，并不是一无是处的，适当的压力可以帮助我们成长。面对压力，我们不能一味地逃避，要敢于正视它。在压力面前，要保持头脑的清醒，并且学会调节自己的情绪，准确找到压力产生的根源对症下药，进而避免压力带给我们的负面影响，让压力转变为我们前进道路上的动力。

　　你准备好了吗？进入职场，卸下沉重的心理压力吧，让自己轻松上阵，才能够收获自己想要的东西。

心 灵 鸡 汤

　　离开学校，面对纷繁职场，是一个让人兴奋却又备感压力的时刻。因为未知而心存恐惧与压力，这是可以理解的事情。但是，改变的只是环境，只要我们依旧保持求知、包容、乐观的心态去面对，所有问题都会迎刃而解。

爱岗敬业是永远要坚守的工作态度

规范在很多人看来只是镌刻在它本应该出现的场合中的文字，例如各种规章制度、道德规范等。在社会主义道德的基本要求中，第一条就是"爱岗敬业"，不知现在的年轻人对这四个字作何感想？

我们处在一个纷繁复杂的时代，面对未知的未来总会焦虑万分，以致往往为了眼前的各种利益频繁跳槽。每个公司、每个岗位，似乎只是自己短暂栖身的跳板，在这种情况下，爱岗敬业就只是蜻蜓点水、走过不留痕的一句口号而已。

提起爱岗敬业，很多年轻人都认为这是一句空话，是一句过了时的老生常谈，其实不然。爱岗敬业并不是说要终生只干一行，它的内容很宽泛，只要我们在属于自己的岗位上兢兢业业，能够承担自己的责任，那就是爱岗敬业，它与我们现在的跳槽寻找更适合自己的岗位并不相冲突。

现实生活中把第一份工作坚持到最后的人毕竟是少数，尤其在现在这个选择多元化、机会均等的时代中。

但是，如果因为想跳槽而在原来的工作岗位上应付、混日子，这种做法是极端错误的。

一个优秀的员工,必须是一个爱岗敬业的人,具有高度的责任感,对自己所从事的工作能够任劳任怨。在自己并不喜欢的岗位上仍能爱岗敬业,是一种能力,如果一份你并不喜欢的工作你也能心甘情愿地做好,当你面对自己的喜好时,肯定会做得更加出色。

《士兵突击》中,面对在模拟演习中被踢出局的成才,老A队长袁朗的一番话值得我们铭记。

几经磨难,许三多和成才终于入选特种部队。成才自以为留在老A已经是板上钉钉的事实,面对着模拟演习的开始,又恢复了自己的本性。

这是一个为了验证成员素质、能力、心态和本性而作的模拟演习。演习前组织人员的精心准备让参加演习的新队员误以为这是一场真实的化工事故。面对重重困难,许三多坚持到底,而成才却寻找种种借口最终选择了放弃。

演习结束后,老A队长袁朗面对成才,讲出了一段让人深思的话。袁朗说:"你太见外,任何团体和个人很难在你的心中占有一席之地。你很活跃,也很有能力,但你很封闭,你总是在自己的世界里,想自己的,做自己的。我们不只是为了对抗,你的战友,甚至你的敌人,都需要你去理解、融洽和经历。你经历的每个地方、每个人、每件事,都需要你付出时间和生命,可你从来没付出感情,你总是冷冰冰地把他们扔掉,那你的努力是为了什么?为了一个结果虚耗人生?'不抛弃不放弃',你知道,可你心里没有。七连只是你的一个过路的地方,如果再有更好的去处,这儿也是你的过路的地方。我们不敢跟这样的战友一起上战场。"

这番话很值得我们思考,用在今天的职场,成才的表现其实是一种不敬业的表现。

初入职场的我们，有着太多"成才的"自私性。这种自私，不仅表现在频繁的跳槽上，还表现在每一个人面对着一份看似平凡工作的心态中。我们在职场中一路选择，一路丢弃，我们把每一份赖以生存的工作只是当成了一个跳板。因为只是跳板，所以我们只是路过，不付出自己的感情，不付出自己的精力。对每一分钟的加班怨声载道，对每一个自己职责所在的任务敷衍塞责，对每一个批评心生怨气。我们一再告诉自己，这只是路过，不值得付出。我们在不停的路过中，渐渐地失去了责任心，渐渐地将自己的职业道路越走越窄。

什么是爱岗敬业，80后的普通基层民警胡小玲为我们做出了楷模。基层民警都做些什么？电视剧《半路夫妻》中关于民警胡小玲的工作描述很经典。

"胡小玲的管片上三千多户人家，七千多口人，要说屁事，多了，比尘土多。为什么多，因为人人活着，人人有可能咳嗽、吐痰，人人有可能把痰吐人家脚上，那就有可能打架，起纠纷。生活里哪儿那么多的刀光剑影啊，大多数的事还是屁事，还是鸡毛蒜皮，可当事人不见得认为是屁事，当事人可能认为得报警，找警察。那胡小玲就得去，就得把事情处理了，大事化小，小事化了，把一切不安定因素消灭在萌芽状态，最后换一个长治久安。"

这样一个繁琐的工作，对于标榜个性的年轻人来说，似乎很难理解。但是，同为80后的海小平，却用自己的生命为我们作出了一个让人难以忘记的注解。

2006年警校毕业后，海小平进入宁夏回族自治区同心县公安局预旺派出所，成为了一名普通民警。海小平因公牺牲后，其所在派出所所长回忆生活中的海小平："在所里，小海年龄最小，由于警力有限，他承担的工作任务也最多，包括民警、行政内勤、科技信息、法制培训，就连水窖没水了，打印机没纸了，他都抢着干。" 短短三年，海小平成了所里的业务骨干。在这些平凡得让人觉得琐碎的工作中，海小平日复一日地奉献着自己的青春。"大家就把我当成自己的孩子，有事就打电话，我随叫随到。"对于辖区里的百姓，海小平如是说。在连续四天的抓捕在逃犯的工作中，年仅24岁的海小平因劳累过度，突发心脏病去世。

这是一个看似教科书般的英雄事迹，但却只是发生在我们身边一个普通的同龄人身上。在职场打拼的年轻人，面对着这样的事例，对比自己的经历，也许该思考些什么。

心灵鸡汤

在职场中跳来跳去的我们，应该用实际行动去体会何为"爱岗敬业"，学会在每个短暂或长久的工作经历中，去真心付出。不要把自己的经历当成跳板而拒绝投入感情，因为它是你不再回头的过去，也是你将来人生的写照。

脚踏实地规划自己的人生

人生是需要规划的，不能像一盘散沙一样任其流散。合理地规划自己的人生，让其在固有的长度中拓展出不同的层次和内涵，是一种能力，也是一种智慧。但是，规划人生需要脚踏实地，海市蜃楼的空想只能让幸福渐行渐远。

离开学校走向社会，是人生一个重要的分水岭。我们摆脱了学生的身份，转换成一个有独立能力的社会人。人生不再是学生时代按部就班的"两点一线"，而是翻开了另外的一页。

在这崭新的一页中，没有外界的设定。不再是小学、初中、高中、大学这条早已设定、不用选择的人生轨迹，而是条条大路通向广阔天地。在这种无限的自由中，挣脱束缚的我们首先需要做的，就是怎样合理地规划自己的人生。

初入职场的年轻人，在放眼未来时，自然会雄心陡升，然而，学会脚踏实地规划人生的重要课程，是万万不能缺少的。

一个能够脚踏实地规划自己人生的人，是一个有智慧的人，是一个热爱生活的人。在漫长的人生途中，合理规划自己的人生，就能让自己的生命在不同的阶段散发其独有的光彩。

　　威尔史密斯主演的电影《当幸福来敲门》讲的就是一个很值得借鉴的有关人生规划的故事，这部根据真人真事改编的电影，为我们传达了一股信念的力量。

　　已近而立之年的克里斯·加德纳穷困潦倒，以奔波于各大医院推销骨密度扫描仪为生。一次偶然的机会，加德纳认识了一个股票经纪人，依靠自己对数字敏感的天赋，加德纳得到了一个做股票经纪实习生的机会，但是需要渡过没有薪水的半年实习期。面对窘迫的家计、妻子的离去和需要人照顾的年幼的儿子，加德纳也曾犹豫过，但是想到了将来的梦想和人生，加德纳依旧坚持着没有薪水的实习生的工作。他兢兢业业，在与困苦生活斗争的同时，坚守着自己的信念，按部就班地给客户打电话，做着一个实习生该做的所有事。终于在最后的考核中，加德纳通过了考试，成了一名正式的股票经纪人，并在若干年后拥有了自己的经纪公司。

　　这则励志故事，包含着一个漫长的人生规划过程。加德纳面临着人生种种的困难，依旧可以勇敢地接受没有任何薪水的实习生的工作，就在于他对自己人生规划的坚持。在成为梦想的股票经纪人之前，实习是一个必不可少的经历。人生规划是一个按部就班的过程，每一步都不可少，只有接受了没有薪水的日子，接受了当时的困境，才能迎来人生规划图中将来的辉煌。加德纳的脚踏实地，最终成就了自己的梦想人生。

　　脚踏实地，在于着眼自己的现在，而合理的人生规划可以让我们更理性地思考自己的未来。

　　人生规划是一个漫长的过程，首先是要确定自己的目标。确立目标是选择人生道路的第一步，你到底想要怎样的生活，未来想要怎样发展，这是一个在成长过程中慢慢积累的过程。初入职场的年轻人，应该在初期就做好自己的人生规划图。

此外，在确立了人生规划和自己的目标之后，要制定出合理的时间表，并以毅力坚持，才有实现的可能。

规划自己的人生时，要充分了解自己，不要好高骛远，过于宏伟或是不切实际的梦想，只能让自己的人生充满挫败感。

丹丹毕业后，到一家公司做了一名行政助理。行政助理工作琐碎繁杂，主要是从事公司员工的考勤、档案归类、人事调配等工作。初来公司的新鲜感逐渐被日复一日的琐碎代替，丹丹厌倦了自己工作的单调，觉得与自己梦想中的生活相差太远。丹丹的梦想是干属于自己的事业，可是在她雄心万丈的规划中，并不包含这些琐碎的过程。厌倦了工作的丹丹辞职后进入了另外一家公司，随之而来的便是数次跳槽的经历。最终，疲惫的丹丹满心委屈，想着自己梦想的日子遥遥无期，她不明白，为什么自己想要的生活从不到来。她慨叹自己机遇的不好，却不懂得，在她眼中只有将来的繁华大道，却没有看清脚下的路。

丹丹的厌倦与委屈，也是许多初入职场的新人们经历的心路历程。这些初入职场或是已在职场摸爬滚打一阵子的年轻人，总是在好高骛远中梦想着并不属于自己的生活。他们的世界，日复一日的琐碎是最大的天敌，他们梦想着不打地基，便能万丈高楼平地起。这类人的结局，不外乎两种，要么心甘情愿归于平淡，要么在渺茫的企盼幸福中离幸福越来越远。

当然，在持久地坚持自己的理想和人生规划时，也应该懂得审时度势，适时调整。没有哪些事情是一成不变的，懂得适可而止也是一种智慧。当发现你的人生设定超出了自己的能力，或是自我的兴趣等发生转变之时，应该对原有的计划尽快调整。生命宝贵，应该把时间用在该用的地方。

没有人是看透世事的智者，没有人能预言自己的将来到底怎样。尽管未来是一个模糊的概念，但我们应该敢于编绘属于自己的蓝图。

人生是一个漫长而又转瞬即逝的过程，在这个过程中的每一步，既是为了当下的满足，也是为了将来的幸福。在人生规划的途中，脚踏实地地走好每一步，才能最终通往自己梦想已久的幸福。

初入职场的年轻人，不要让浮躁毁了你将来的生活，要懂得脚踏实地的隐忍，要学会在寂寞中坚守属于自己的信念。心有多大，舞台就有多大，拥有了脚下踏实的每一步，人生的精彩才会让你目不暇接。

心 灵 鸡 汤

人生的路是一步一个脚印地走出来的。在漫长的岁月中，合理规划自己的人生，会让你的人生充满惊喜和与众不同的精彩。生命是一场单行旅程，在漫长的旅途中，做个有计划、有目标的人，才能在沿途中看到不一样的风景。

学会倾诉，拒绝抱怨

不知从什么时候，抱怨开始成了我们生活中的常客。面对生活、工作中的不如意，我们开始抱怨，在相互交织的抱怨声中，我们离快乐的生活越来越远。我们以为自己在宣泄情绪，殊不知，抱怨不等于倾诉，这个消极的情绪具有不可估量的传染作用，它解决不了任何问题。

2006年的夏天，美国知名牧师威尔·鲍温发起了一项"不抱怨"活动，邀请每个参加活动的人戴上一个特制的紫手环。当察觉到自己要开始抱怨的时候，就将手环换到另一只手上，以此类推，直到这个手环能持续戴在同一只手上21天为止。这场看似费解的活动，在不到一年的时间里，全世界就有超过80个国家、600多万人热烈参与。

在这个"抱怨"情绪大行其道的社会里，这个看似另类的活动，引发了人们的深思。

在生活中，我们随处可见絮絮叨叨抱怨的人，抱怨生活、抱怨工作、抱怨社会、抱怨他人，仿佛人生的种种，都能找到抱怨的理由。但是，抱怨过后，留下的不是解决了的问题，而是更加沮丧的情绪和依旧没有任何解决办法的困境。

　　初入职场，我们可能会面临太多以前从未经历过的事，面对层出不穷的问题，很多人也因此渐渐学会了抱怨。抱怨分配不公，抱怨利益不均，抱怨老板苛刻，抱怨同事刁难。在抱怨中，我们的工作热情渐渐丧失，工作也只成了养家糊口的一个手段而已，再无乐趣可言，而自己工作以外的生活也被这种抱怨的情绪所侵犯和控制。

　　小美在公司做满两年后，面对公司的种种状况开始不满。作为老员工的小美最近被提升为代理主管，除了要完成自己的工作之外，还要负责调教新招进公司的员工。由于新员工缺少工作经验，经常出现错误，作为主管的小美往往要停下自己的工作去协调解决，自己的工作自然受到了影响。日益繁重的工作任务，再加上新人状况百出，小美真是焦头烂额。上任一个月，小美被上司叫到办公室训斥了一番。受训后的小美很生气，将怒火转移到了新员工的身上。茶余饭后，和其他老员工闲谈，小美总在抱怨新员工多费心，自己多努力，可老板还是不满意等。而且，随着工作进度加快，小美的工作量加大，更是问题百出。此时的小美，就如同一个充气的气球，随时有爆炸的可能。

　　小美所在的公司是个人员复杂的公司，小美不顾场合的"唠叨"终于传入上司耳中。一个月的代理期刚满，小美就又恢复了普通员工的身份，而且在老板心中的印象大打折扣。

　　其实，出任新职，遇到问题在所难免。面对一个全新的环境，自然会出现新的状况与问题，怎样顶住压力解决问题才是关键。小美最终没能坚守到底，最糟糕的是，她选择在朝夕相处的同事面前抱怨，从而引发了严重的人际危机。并且，老板喜欢按程序反映问题的员工，而不是怨声载道的人。一个人的抱怨很可能引起办公室内部的不合，长久下来，会人心涣散，所以，上司很忌讳这样的导火索出现。

在生活中，我们很容易遇到不顺心的事情，要把这种不良情绪宣泄掉，其实有很多的办法。

首先，是心态上的平和。世上没有绝对的公平，即使你在工作中的确遇到了不公正的待遇，也应该努力寻找解决问题的方法。如果一时无法解决，也要学会淡然处之。此外，在抱怨之前，学着先从自己身上找出问题所在。要知道，有时候，抱怨会让人忽视了自身的问题。

社会是一个全新的世界，在这里，没有人有义务宠着你，犯了错要自己承担，不要让抱怨情绪填满你的生活。如果工作中遇到的问题真的无法解决，也许就要停止这份工作，重新开始。毕竟，一份不能胜任的工作，远不及你的生活重要。

遇到问题，要找到合理的倾诉渠道，恶性抱怨只能雪上加霜。

阿雅在公司秘书室工作，和另外两名同事负责公司文案的起草和相关文件的整理。一个月前，其中一名同事开始休产假。负责秘书室的主管最近业务繁忙，没有顾得上调配人手，这些繁杂的业务便全落到了阿雅和另外一个同事身上。近一个月来，阿雅两人早到晚退，累得够呛，往往下了班回到家，阿雅便一头栽倒在床上。但是，阿雅依旧坚持，任劳任怨。另一个同事却偶有抱怨，阿雅总是巧语化解。周末朋友聚会，阿雅精神委靡。朋友问起，阿雅将近日工作状态告诉了朋友，朋友很为阿雅感到不公。不过，乐观的阿雅说："那有什么办法，主管最近忙得不见人影，其他同事各司其职，我也只能挺着，再坚持一下吧。"又过了两个礼拜，一天晚上，加班奋战的阿雅被公司主管遇见，看到阿雅忙碌的样子，主管终于决定为阿雅配备助手了。

面对几近不支的状况，阿雅选择了坚持以及向朋友倾诉，最终以良好的心态迎来了最好的结果。

我们都应该知道，抱怨伤害的只是自己。本该是最好的年纪，却在抱怨中让生活变得毫无乐趣，这是一种愚蠢的选择。

学会倾诉的方式，寻找一个合理的沟通渠道，让我们不再生活在抱怨的世界中，便能在工作的同时享受本该属于自己的快乐生活。

心灵鸡汤

威尔·鲍温在其著作《不抱怨的世界》中说："优秀的人，都是不抱怨的人。他们总是会把消极的想法从自己内心中扫除殆尽，让自己的内心充满阳光、充满希望。因为庸人是因为自己而平庸的，也是因为不断抱怨而平庸的。"让我们敞开心扉，加入到不抱怨活动中来，做一个快乐的人。

低调处世，适当时也要勇于竞争

纷繁职场，要想有一番作为，是低调处世，还是万事争先，这是一个矛盾。其实，低调与竞争，是一个相互辩证的关系，只有平衡好了两者，才能在职场中找到属于自己的位置。

在为人处世中谦虚谨慎，不张扬，不显摆，懂得适时沉默的人，往往被人冠以低调的头衔。在人们的言谈中，低调应该是一种褒奖。那些凡事锋芒毕露、万事争先的人，总是给人一种太过张扬的感觉，自然也不容易得到他人心服口服的认同。

低调处世是中国人讲究的一个原则。

在职场中，太过张扬的人，往往是"出头的橡子先烂"，很容易被推到风口浪尖。学会做一个低调的人，心态平和地看待周围的人与事，不去争强好胜、追名逐利，学会在自己的坚守中静待属于自己的生活，这是人生的历练所带来的一笔值得珍惜的财富。

低调，是一种智慧。但不是人人都能低调、都会低调的。

阿萨毕业后到了某公司的行政部门任职。两年后，正赶上人事调动，行政部的主管职位空缺。阿萨和行政部的另一个老资格的同事阿文成了最有可能接替主管职位的人选。阿文跃跃欲试，把阿萨当成自己的竞争对手极度防范。自认为有升职机会的阿文开始表现自己，处处争出风头，希望上司能注意到自己。暂时群龙无首的行政部里，阿文理所当然地当起了家。他一副颐指气使的模样引起很多人的反感，也在所难免地和其他同事产生了冲突。倒是对升职一事仿佛事不关己的阿萨，赢得了同事的好评。阿萨每天照旧该干什么干什么，工作兢兢业业。一个月后，任免通知下发，阿萨成了行政部门的新主管。

阿萨真的是对升职一事毫不关注吗？有一句话说得好："不想当将军的士兵不是好士兵。"同样，面对着机会更多、挑战更大的升职，阿萨不可能无动于衷。但是，懂得低调的阿萨，在兵不血刃中轻松将自己向往的职位揽到手，而在刀光剑影中厮杀的阿文，却最终成为半路上的牺牲品。

其实，有时候，职场就是这样现实。它有其一定的规律，也有其不败的原则。一个坚守信念的人，一个懂得用智慧去行事、用品行去坚守的人，才会取得最后的成功。

初入职场的我们，要不断磨炼自己，在隐忍中不断为自己的工作资本增砖加瓦。不要总用嘴说话，要懂得埋下头做事，在日复一日的历练中将自己百炼成钢。

低调，是一种淡定，淡定需要智慧。懂得天外有天，人外有人，才能学会不过分张扬自己的才能，才懂得尊重别人，赞美别人。眼中只有自己才华的人，是自大，也是愚蠢。不知天高地厚的张扬，除了让你留给别人不好的印象之外，还会形成不好的人际关系。一个刺太多的人，没有人愿意靠近你。因为在你的光环下，其他人只能成为影子，有谁愿意让别人的光遮住自己呢？

保持低调的心态，让低调成为一种如影随形的品行；保持低调的姿态，不过分张扬自己，懂得赞美他人的人，才能走得更远。

初入职场的年轻人，无论从年龄、人生阅历、工作经验来看，都是处于人生的起步阶段。这时候，应该学会低调，懂得向前辈、同事去学习。不论自己有哪些方面的优势，都要适当地隐藏，适时地表现。一个锋芒太露的人，容易给人留下太过强势的印象，不利于工作中同事关系的融合。只有懂得适当谦虚的人，才能让人卸下防备，才可能有更多的机会向人"偷师"，才能在工作中进步。

但是，我们也要懂得适时竞争在职场中的必要性。如果低调过了头，将自己当成一个隐形人，万事不争，也是一个错误的选择。

终有一天你会发现，自己在过分低调中会将所有的机会拱手让给他人。

被奉为职场宝典的《杜拉拉升职记》中，聪明的杜拉拉在众人眼中，并不是一个张扬的人。她懂得做好自己的本职，她知道赞美别人，她可以任劳任怨，但她也懂得勇于竞争。

在公司的销售总监秘书一职稳定下来后，上进的杜拉拉并未满足，她依旧在坚守自己的职业理想。

在公司内部职位竞聘中，杜拉拉瞄准了人力资源管理部主管的职位。在这次竞争中，平时低调的杜拉拉自信满满。做了充足的准备后，杜拉拉坐到了主考官面前。在回答主考官"为什么觉得自己可以胜任这个职位"时，杜拉拉勇于竞争的性格暴露无遗。她说："原因有三。第一，我在公司的人事行政部门任职两年，对人力资源的工作有一定的认识。二，私下里，我进行了人力资源管理课程的系统培训。三，在担任销售总监秘书一年中，我对公司其他部门的工作流程有了更为深入的了解，同时还在继续参与人力资源部的工作。因此我认为，我完全能胜任这个职位，我相信我可以做好。"

杜拉拉自信、勇敢和竞争的精神，让原本并不被看好的她拥有了一个朝自己职业理想大踏步前进的绝佳机会。

在低调中攒够资本的你，一定要学会抓住机会，择时竞争，才有机会在接下来的职场厮杀中取得胜利，实现自己的价值。

心灵鸡汤

一个有头脑的人，懂得在为人处世中适时隐忍，不去锋芒毕露、万事争先。但是，在职场中，在低调处世前提下勇于竞争的人，才能立于不败之地。没有人有责任处处为你歌功颂德，即使你有足够优秀的条件。只有懂得自己争取机会的人，才能找到自己梦想的生活。

拒绝悲观，永远保持一颗上进的心

面对人生的种种磨难，命运多舛的海伦·凯勒依然说："我发现生命是这样美好。"而比她幸运的我们，却在自我设置的悲观情绪中自怨自艾、一错再错，我们用自己编织的借口阻碍着本应前进的道路。初入职场的重要一课，就是要学会拒绝悲观，因为除了让你的人生无比暗淡之外，悲观别无他用。

在心理学中，悲观的人常常表现出处处忍让、与世无争的特质，在他们的内心深处，是一种因自卑、不安而带来的恐惧。一个悲观的人，往往不敢探求于未来，而是以一种安于现状的样子来掩饰其不健康的情绪。

初入职场，我们会见到很多貌似安分守己的人，他们埋头不语，只在自己小小的世界中，做着一份不多不少、不好不坏的工作。会议中踊跃发表意见的人群中没有他们，公司里晋升的机会轮不到他们。他们就像一个可有可无的影子，可以随时被取代。他们的这种表现，其实只是一种貌似安于现状的悲观情绪所导致的。由于这种情绪影响的加深，他们看不到自己闪光的一面，这不单单是自卑的缘故，而是他们为不思进取所寻找的借口。

悲观的人，很容易被一些不值一提的困难打倒。他们因为往往执著于自己的缺点，所以畏惧错误。而为了避免错误，悲观的人可能会选择回避。

戚戚学生时代被称为才女，毕业后进入一家公司做文案策划。不同于学生时代所处的身旁多为以学习为主的默默无闻的普通同学的校园，戚戚所在的公司，有很多的才子才女。戚戚最初独立负责的文案，经常被领导否决。渐渐地，戚戚的自尊心受到了打击。一次次的失败让戚戚对自己失去了信心，仿佛看不到自己的将来。她开始否定自己，即使有了新的策划方案，也不敢向领导提出来。由于戚戚的悲观情绪占据主动，平日很难集中精力钻研业务，只是为了不犯错而做一些中规中矩的修改工作。每当同事在工作中有好的观点表达时，戚戚总是想："只有我不行。"半年后，在公司的精简人员名单中，戚戚位居榜上。在办理离职手续时，领导找她谈话。领导说，他不明白，为什么在初入公司那个拥有才华的戚戚最终"泯然众人"。这时的戚戚才明白，原来领导是看重自己的，是自己的悲观情绪和错误的自我定位，最终葬送了自己的前程。

初入职场的年轻人，应该努力摒弃这种悲观的情绪，做一个乐观向上、积极进取的人。没有人能预知未来，也没有必要为并没有发生的、只是存在于自己臆想中的困难而畏缩。

客观地看待自己的优缺点，不要总是拿自己的短处去和别人的长处比，在了解自己的前提下，尽最大努力，去完善可以完善的地方。虽然我们总说"人无完人"，但不思进取、明知道自己有缺点而不思改进的人却是愚蠢的。

没有人是完美无瑕的，谁都会有自己的盲点与无知，我们都应该做一个上进的人，努力弥补自己的不足，让自己朝心目中的那个理想状态更近一步。

即使遇到暂时跨不过去的坎儿，也不要贸然悲观，可以换一个角度去想办法，也可以先休息一下，不要直接说"我不行"，要尽最大的努力，才会有最终的希望。

过分沉溺于自己的悲观情绪，只能让自己故步自封、停滞不前。保持进取心，才能让你迈出通向未来的第一步。

关于进取心的重要性，卡耐基曾经说过这样的话："有两种人绝不会成大器。一种是非得别人要他做，否则绝不主动做事的人；一种是即使别人要他做，也绝不会做好的人。那些不需要别人催促，就会主动去做应做的事的人才有成功的可能。"卡耐基这番话中的主动做事的人，就是有进取心的人。可见，保有一颗进取心积极地面对生活是成功的前提。

做一个乐观的人，永远对未来保持一种积极的心态，然后愿意去为自己的未来构想而努力，在努力的过程中不怕困难，勇往直前。人生难以预料，等待你的，也许最终会是你自己都无法想象的灿烂的鲜花和耀眼的辉煌。

好莱坞明星汤姆·克鲁斯的风头无人能及。但谁能想到，他的成长之路，也是一部艰辛史。但一路上的荆棘，没有让他悲观失望，而是通过自己的拼搏进取，为自己找到了一条灿烂的演艺之路。

　　汤姆·克鲁斯的童年可谓充满艰辛。父亲是个电气工程师，为了养家糊口，老克鲁斯曾经拖家带口搬过十几次家。经济条件的拮据和动荡不安、颠沛流离的岁月，使得汤姆·克鲁斯饱尝童年辛酸。终于，12岁那年，父母离异，汤姆·克鲁斯的动荡岁月宣告结束，开始和母亲及姐妹们相依为命。

　　如果说童年岁月的坎坷已经告一段落，那汤姆·克鲁斯充满磨难的演艺生涯也已宣告登场。自小患有诵读困难症的汤姆·克鲁斯学业非常糟糕，辍学后几经辗转，最终决定将演员作为自己终身的选择。

　　但是，如今光芒耀眼的汤姆·克鲁斯，当年并不被看好。在纽约，每日以热狗和米饭充饥，汤姆·克鲁斯依靠在童年挫折中锻炼出来的乐观、进取的精神，就像丛林中的野兽寻找食物一样搜寻每一个试镜的机会。但无数次的希望被无数次的失望所代替。试镜人对他的评价不外乎是"不够英俊"或是"表演热情过了头"。但是，无论怎样的打击，汤姆·克鲁斯从不放弃。他在日复一日的等待中认真地学习，改善自己的不足之处。时间的流逝，使汤姆·克鲁斯变成了一个成熟的男人。唯一不变的，是他那颗为演艺事业永远进取的心。在经历无数次的被拒之后，汤姆·克鲁斯开始在一些戏剧中扮演一些微不足道的小角色。经过多年的努力与等待，汤姆·克鲁斯终于迎来了他演艺事业的辉煌期。不同于许多天赋很好的演员，汤姆·克鲁斯的成功，全在于他自己的不断进取和那颗永不悲观放弃的心。正是他一步步的努力，才成就了今日的传奇人生。

　　身处职场的我们，总会遭遇种种磨难，学着做一个乐观向上的人，不要让自己的悲观情绪影响到你潜力的挖掘和才能的发挥，让我们学会努力，成为我们自己心目中的明星。

让我们告诫自己，我们没有必要悲观，同在这个社会上生存，我们有资格去奋斗、拼搏，为我们的将来打造美好的生活。

心灵鸡汤

拒绝悲观，做一个快乐的人。抬起头，用无畏的心态来面对丰富多彩而又充满变数的职场生活，即使有一天，困难真的来了，不要怕，勇敢接受它。职场之路充满荆棘，而一路上隐藏的鲜花，只为那些乐观进取、敢于拼搏的实干者开放。

团队精神胜过单打独斗

在《团队的智慧》一书中，曾对团队有这样的诠释："团队就是一群拥有互补技能的人，他们为了一个共同的目标而努力，达成目的，并固守相互间的责任。"如今的社会分工越来越细，每一件工作的完成，都需要团队的合作。个人英雄主义已经不再适用。

个人英雄主义在百度词条中的解释为："它以个人主义为原则，夸大或不适当地强调个人在社会生活和历史活动中的作用，否认人民群众的力量和智慧。表现为好图虚名，自以为是，居功自傲。"

在现代社会中，个人英雄主义已经受到严重挑战。

李磊去年从海外留学回来后，到一家公司的市场部任职。由于有扎实的专业知识以及海外留学的经历，李磊深得领导重视，李磊的工作也非常出色。一次，公司内部征集市场拓展方案，鉴于市场部有好几个像李磊这样的新员工，领导建议拓展方案可以个人提出，也可以几个人组成团队共同制定。

李磊自恃才华过人，决定自己单独做出拓展方案。其他的新员工也都认为这是一个表现自己实力的机会，因此，大家都和李磊一样，准备单打独斗。经过一个礼拜的努力后，李磊慢慢规划出了一份自认为很严密、很翔实的方案，并提交给了领导。但是，报告呈上去之后，经理的评价却出乎李磊的意料："报告的数据看似严密，但是实际操作性不强，需要改进。"回到自己的座位上，李磊反复揣摩，身边的同事也都凑过来。原来，单打独斗的几个新人都遇到了与李磊一样的问题。大家坐在一起，相互研究彼此的方案，发现别人都和自己有不一样的视角。商量之后，几个同事决定再综合一下各自的优点，重新做一个拓展方案。重新上交的方案很快获得通过，领导在会议上表扬了以李磊为首的新员工，并且告诉大家，当初之所以提议大家一块做方案，就是希望大家能够注意团队协作的精神，因为在这样一个广大的市场中，面对着层出不穷的问题，团队精神带来的力量不言而喻。

在曾经热播的电视剧《士兵突击》中，团队精神一直是士兵们追求的核心价值所在，尤其当大家在参加特种部队的选拔的时候，团队精神的作用一览无遗。

参加选拔的士兵的任务是在一百公里范围内进行两天的行军，最终深入敌主阵地完成地图作业。面对着庞大的拦截队伍，惯于逞个人英雄主义的成才最终选择了和许三多等老七连的战友一起行动。在行动的过程中，大家相互依靠、相互扶持。虽然赛前就已经明确规定，只有最先到达的前三名才能入选特种部队，但是，面对着险象环生的环境，没有人敢掉队。在行动过程中，大家团结一致，共同抗敌。即使有战友要掉队，其他人也是坚持到最后一刻帮助他。经过一夜的奔跑，众人累得筋疲力尽，但大家还在坚持。在最后出现意见分歧时，老七连的人分成两路。成才依旧选择和许三多以及伍六一在一起，因为聪明的成才知道，以自己一人之力，是不可能到达目的地的。经过辛苦跋涉终于要到达主阵地时，三人发现由于敌营地势隐蔽，必须游过海泡子到达阵地的另一侧。这使得团队协作的精神发挥得淋漓尽致。神枪手成才负责掩护，许三多和伍六一负责潜水绘制地图。最终，经过三人的通力协作，敌阵地的地图绘制成功，这也成了许三多和成才进入特种部队的敲门砖。

在《士兵突击》这部电视剧中，对于团队精神的阐述非常详尽，在现代职场模拟战参考的范例中，团队精神也是一个最重要的内容和价值核心。

团队精神的形成并不是要求团队成员牺牲自我，相反，挥洒个性、表现特长才是团队完成任务的根本。每个人在各自的位置各司其职，充分发挥集体的潜能，才是团队精神的最大体现。

在世界知名企业索尼公司里，团队精神一直是其强调的重点。而索尼公司之所以有今天的成就，也正是团队精神的良好体现。在索尼，每个员工在做好各自分内事的同时，充分发挥了团队的协调能力，最终两者的结合，让索尼公司受益匪浅。

说起团队精神，我们还可以提到2010年南非世界杯中的德国队。面对着强手如林的没有硝烟的足球战场，年轻的德国球员，正是依靠了团队精神的力量，最终完成了自己世界杯之梦。也给团队精神作了一个最好的注解。

参加2010年南非世界杯的德国队球员，平均年龄不到25岁，许多主力队员都是首次参加世界杯，甚至代表国家队出场的时间也短得可怜。但是，就是这样一支年轻的队伍，为我们奉献了一场又一场精彩的赛事。他们一路过关斩将，杀退夺冠热门英格兰队和阿根廷队，最终收获了季军的奖杯。面对那么多强大的对手，年轻的德国队之所以能一路厮杀，过关斩将，靠的不是顶级的球员，而是他们的团队精神。

关于这支德国球队，崔永元曾经有过精彩的论述，称这是一支由多名队员组成的优秀团队。这种说法，是相对于阿根廷的由多名优秀球员组成的团队而言。德国球队里并没有很大牌的球星，相比于其他强队，他们的成员谈不上星光熠熠。但是，最终，德国队成功PK掉许多拥有超级豪华球员的强队，一直笑到了季军赛场上。德国队的胜利，从技术层面上讲，固然是因为他们战略战术的施行得当。但是，这支脚下功夫并不是得天独厚的球队最终笑傲球场，其制胜法宝就是团队精神。

德国队对阵英格兰的比赛中，德国队球员厄齐尔带球突破到英格兰的球门前，完全可以自己射门，但是他最终选择了传球给位置更好的穆勒，从而让穆勒完成了轻松射门。厄齐尔放弃自己射门而传给穆勒，显然是因为穆勒的位置更有把握，但这并不是说厄齐尔完全没有机会。但是为了更稳妥的结果，他放弃了世界杯进球的这一对球员来说极具诱惑力的荣誉，最终选择了团队的配合。这不是每个国家的队员都能做到的，但德国队的队员们做到了。正是这一次次不可动摇的团队意识，让德国队为自己也为世界杯留下了更深刻的回忆。

一场体育赛事，除了带给我们一场视觉的饕餮盛宴，更给我们留下了一种精神的享受和启迪。

　　如何平衡个人荣誉与团队精神，这是今天的我们需要慎重考虑的问题。很多时候，选择团队并不是牺牲自己，而是为了获得更好的结果，以及自我价值的最终体现。

心灵鸡汤

　　团队精神与单打独斗的差别，似乎在今天的职场竞争中尤为明显。这是一个分工日趋精细化的社会，无论是做什么工作，团队的精神都至关重要，我们只是团队的一分子，只有团队的整体运转正常了，我们才能从中获利，体现自己的价值。

第 *6* 章

Chapter Six

理财心理学帮你理好人生第一笔财富

人生的第一桶金到底在哪里掘起，这是一个很重要的问题。初入社会，用你的聪明才智作出最佳的判断，让理财心理学成为你财富规划的最好导师，让你无形的人生价值在有形的物质中熠熠生辉。

节流也很重要

《清史稿·英和传》中有一句话："理财之道，不外开源节流。"初入职场的年轻人，结束了学生时代的不为衣食烦忧的日子，成了工薪阶层的一员。面对着固定的基本工资，节流成了理财的必选之道。

现在的年轻人，面对着日益提高的消费水平，抓破头皮想着各种"开源之道"，试图增加自己的财富来应付支出。但是，在开源有效或无果的背后，很少有人看到，节流也很重要。

小李毕业后，成为上班族中的一员。面对着消费水平直线上升的一线城市生活，小李一筹莫展。每个月固定的工资，在分给房租和生活支出之后，往往所剩无几。每个月拿到工资后，想想接下来的一个月的开支，再回忆一下上个月的支出，小李总是心有余悸。

身边的同事面对着同样的情况，很多人开始寻求第二职业，在工作之余挣些外快以弥补不足。小李多方参考之后，决定在下班之后批发一些衣服，在繁华的地段摆摊来卖。

在小李所在的城市，做下班后的地摊一族在白领中非常流行，小李也成为其中一员。但是，只两个礼拜，小李的摆摊生涯便告一段落了。原因是多方面的：一是面对经常光临的城管，经验不足的小李往往不能像同行一样，在最短时间内逃之夭夭。几天下来，城管人员的数次警告以及由此产生的心理后遗症，让小李不堪忍受。二是，小李所在的地段，是地摊的宠儿地段。下班后，很多人都在这里开展自己的第二职业。像小李一样批发衣服的就占了很大一部分。大家的批发渠道和销售价格基本相同，这样的竞争让小李的经济收入并不明显。再加上上班时间不固定，很多时候，小李都不能如期开张，面对着扰人的第二职业，小李最终放弃了。

开源失败后的小李，在和朋友的谈话中将自己的困境讲了出来。朋友说："开源不利，何不节流？"从没考虑过这一方法的小李，在朋友的指导下，开始了自己的理财第二波。

刚刚工作的小李，为了门面，经常买一些很贵的名牌服装，认为这是工作的必要之举。但是朋友劝解小李，其实在他们这个年纪，名牌并不重要，只要做到服装整洁、干净，符合工作环境的要求就可以了，没有必要将自己的大半工资都花在门面上。

在装扮上省下一部分钱后的小李，在平时的日常支出中也打起了算盘。平时去超市购置生活用品时，小李往往见什么都想买。自从实施了节流计划后，每次去超市，小李都是列好购物清单，不是必需的一概不买。在生活开支得到控制后，小李每个月发薪水时，总是固定将一笔钱存入账户。日积月累，小李的账户渐渐丰盈起来。固定工资并没有变，开源失败的小李，在节流中也将自己的日子过得风生水起。

在节流这方面，我们的邻国日本的同龄人的做法让人耳目一新。据新闻报道，现在的日本年轻人非常节俭。研究人员曾对东京地区的年轻人的消费行为进行过调查，调查结果显示，在可供支配的收入中，年轻人将60%的钱用于储蓄，在现在的日本年轻人中，储蓄是很自然的行为。而在我们的现实生活中，除了储蓄，日常生活的设计与自我控制同样对节流很重要。

面对每个月的"财政赤字"，小轩快乐的低碳节流生活，也许可以给我们一个借鉴。

小轩是一名猎头公司的白领，作为一名朝九晚五的上班族，领着和同龄人差不多的并不丰盈的薪水，但小轩有一套既省钱又环保的小方法，她的日子也因为自己的节流计划而有滋有味。

比如交通工具方面，小李的住所离单位有六七站的距离。平时坐公交车或是地铁，交通费也是一笔开支。虽然不起眼，但是，日积月累也是一笔不小的开支。为了省下这笔交通费，小轩买了一辆自行车，每天骑车上下班。一个月下来，这笔小小的交通费被小轩存进了自己的节流账户。

在生活娱乐方面，小轩的爱好很简单——读书。但是买书实在是一笔不小的开支。面对着这不可缺少的爱好，小轩开始逛起了旧书摊。旧书摊在小轩住所对面，除了一些经典图书之外，还有很多过期的旧杂志。过期的杂志商家往往会低价处理。小轩总是在出版日期推后的几天去旧书摊，以超低价买自己喜欢的杂志。虽然是旧杂志，也不过是晚了几天而已，完全不影响其信息的获取。在满足自己爱好的同时，小轩的时间错位法，让他的节流账本再添主力。

小轩的节流小方法还有很多，就不再一一列举。但就是因为这些看似有些"抠门"的举动，在完全不影响生活情趣的情况下，小轩的荷包渐渐鼓了起来。

社会不断发展，人们的物质生活水平不断提高，随着衣食无忧时代的到来，人们的消费水平和消费意识不断加强。越是在这种情况下越是要做一个有明确目的和有计划的人，该花的花，不该花的绝不要浪费。看似不起眼的每一笔钱，天长日久的累积，终会成为一笔可观的财富。节俭是中华民族的传统美德，"历览前贤家与国，成由勤俭败由奢"，先人的古训言犹在耳。让我们学会节流，做一个生活的智者。

心灵鸡汤

通过节流省下的钱如日积月累汇集的涓涓细流，终能成为我们存折上的"汪洋大海"。在生活中，用自己的智慧，成为一个节流高手，让金钱在你的生活中发挥它应有的作用，让生活因为智慧和毅力而更美好。

及早摒弃过度透支
明日钱的心理

科技改变生活，信用卡支付这一非现金交易付款方式的产生，逐渐影响着人们的生活方式和选择。这种先进的先消费后付款的方式，让很多人在透支明日钱的同时，养成了一种透支未来的依赖心理，而这种心理的产生，也让很多人的理财之路困难重重。

在现实生活中，以使用信用卡为代表的透支生活在人群中逐渐渗透。很多人认为如今已经不是攒一分花一分的年代了，现代社会中，花明日的钱，做今日的事，已经成为一种理念。信用卡的普及率日益广泛，它给人们带来的利与弊是并存的。在便利的背后，人们对信用卡形成了一种依赖，而这种依赖的发展，有渐趋严重的势头。透支信用卡、贷款买房做房奴，这些已经成为主流的生活方式，再引不起人们的大惊小怪。

但是，我们无法回避的是透支并不完全是一件好事，它会让你失去计划的乐趣与规律，而透支的本身，已经让生活充满压力。

李斯本拥有人生中的第一张信用卡是在他刚刚结婚的时候。作为白领阶层中的普通一员，李斯本的薪水并不丰厚。使用信用卡的好处是"明日钱，今日花"，即使超出能力范围，李斯本依旧可以为自己及家人购买一些奢侈品。而这些奢侈品，也貌似装点了李斯本并不豪华的生活。

几年后，李斯本全家迁至一个相对高档的小区生活。为了让自己的房子和生活水平更符合小区的位置和身份，李斯本又用信用卡买了一些和他的生活环境相匹配的装饰品。虽然在这几年中，李斯本的薪水有所上涨，但是，由于严重的透支，李斯本的债务与收入已经渐渐失去平衡。

虽然李斯本不断地寻求机会增加自己的收入，但是对信用卡的依赖让李斯本渐渐无法摆脱"旧债刚还，新债即来"的局面。在这种恶性循环中，债务不断翻滚。最终，李斯本申请破产，他的婚姻也走到了尽头。

李斯本的经历，对许多使用信用卡的普通年轻人来说，看似危言耸听，其实不然。透支明日钱，不仅仅是一种行为，更是一种心理。虽然透支的钱可以用来满足自己今日的消费，但日复一日，我们透支的，终究是我们的生活和未来。

在现代生活中，透支明日钱的现象层出不穷，不仅表现在日常生活的消费，还体现在现在炒得极热的房产上。

"房奴"似乎成了一个很热的话题，电视剧《蜗居》也因这个现实话题而超具人气。虽然戏剧终归是戏剧，但现实生活中，这些戏剧中的情节也在一一上演。

齐尔是一名文化公司的普通职员，在北京这个高房价的城市，当齐尔的很多同龄人还在自己租来的"蜗居"中度日之时，已婚的齐尔和同是公司普通职员的老公坚持买了自己的房子。

齐尔的举动让同事不解，但是齐尔心里觉得，在这个竞争激烈、让人没有安全感的城市，拥有了一处房子，哪怕是分期付款，也是一种心安。但是为了这个心安，齐尔付出了沉重的代价。

为了方便，齐尔买的新房选在了离公司不远的地段，房价非常高，因此，齐尔只选了一个面积很小的一居室。首付的价钱高得惊人，齐尔和老公及双方的家长几经拼凑才堵上了缺口。此时的齐尔和老公，只有每月的工资收入，即使没有什么奢侈的花销，每月高额的月供依旧让他们吃不消。两个人的工资总和近三分之二都被用来还每月的房贷，剩下的三分之一多一点，是齐尔和老公所有的生活支出。最重要的是，这份房贷让齐尔和老公不敢辞职、不敢生病，每月工资发下来，先去银行还贷，接着拿着剩下不多的钱，开始心戚焉焉地计划接下来一个月的生计。这种生活让齐尔觉得十分辛苦，但无以为继。最终，齐尔将新房租了出去，用租金来抵消每月的房贷，而齐尔和老公，也最终搬回了原来租的房子。

像齐尔一样的房奴，在大城市中比比皆是。这些人为了自己的理由，提前透支金钱的同时，也透支了自己的未来和快乐。

"透支未来钱"的心理依赖一旦形成，就会给生活造成方方面面的影响。

养成透支未来的习惯，会让人失去计划的能力，让生活陷入混乱之中。一个不善于计划的人，是一个缺乏自我控制力的人；而丧失了控制力，就失去了对未来生活的主动权。

万事皆有度。信用卡、贷款买房等行为，不是完全不可取，透支行为也不是要求完全杜绝。万事万物的产生，自有它的根源所在。能够在自己力所能及的范围内，善于利用透支行为，养成一种文明的消费习惯，这是文明社会进步的表现。

初入社会的年轻人，切记透支只是一种一时的行为，千万不要养成习惯，更不能形成依赖。因为对于年轻人来说，生活刚刚展开，万事万物皆在开始和观望之中，经济的一时短缺是正常现象。对于生活来说，我们都应该学会有多少钱过多少钱的日子，在自己能够自由支配的金钱中，学会分配和合理利用，杜绝浪费。

用今日的钱办今日的事，不透支明天的钱，是为了给自己预留明日的快乐。让我们及早摒弃透支明日钱的心理，做一个健康乐观的理财者，学会做自己金钱的主人，做自己生活的主人，做一个有自控能力的强者。

心灵鸡汤

初入社会的年轻人，应该学会一种全新的理财理念，及早摒弃透支明日钱的心理，让自己的生活走上一种正常健康的轨迹。不论透支的是多么遥远的未来的钱，最终还债的还是自己。摒弃了这种虚荣的理念，离快乐的生活就会更近一点。

坚信每一分钱都应该
花在有意义的地方

一千多年前，伟大的浪漫主义诗人李白在《将进酒》中吟唱着"千金散尽还复来"的曲调，把一个视金钱如粪土的文人雅士的形象深深刻在我们的脑海中。而今天，我们崇尚的，是把这些我们用智慧和汗水赚来的金钱用在最合理的地方，以体现它应有的价值。

"把钱花在刀刃上"，这是我们的先辈流传下来的一句古话。今天，面对着让人眼花缭乱的消费市场，物质生活日益丰富的我们，可能很难实践这句话。我们在不同的场合，挥霍着我们的金钱，毫无节制、毫无目的。即使是崇尚节俭的人，又有多少人能够说，我从来没有乱花钱，我每一分钱都花在了有意义的地方呢？

现在的年轻人，在消费理念上，更趋向于一种盲目的攀比，或者是任由一种为了获取别人认同的虚荣感作祟。在金钱的消费方面，许多华而不实的东西在夺走了他们并不充裕的金钱。

高阳毕业后进入一家外企工作，和同龄人相比，高阳的待遇相对来说处于较高水平，但是这份看似很充足的薪水，对高阳来说却依然使他的生活过得捉襟见肘。原因很简单，高阳每月的支出清单中，除了日常的生活必需品的开销，他的钱大部分都花在了不必要的地方。比如，在高阳的开销清单中，服装开销占了极大分量的一笔。在外企要着正装，高阳的服装都是名牌。初入职场，高阳的面子工程做得很充分，相比于公司的老同事，高阳的着装更加讲究。除了服装，高阳的人际交往费也是很大一笔开销。单身的高阳，平时从不下厨房，一直在外面吃。平时和朋友出去，爱面子的高阳也总是找高档场所，而且抢着买单，一个广交天下友的名声，却是用自己袋子里的薪水换来的。像这样的并不必要的花销，在高阳的开销当中占了一大部分。辛辛苦苦赚来的钱，却莫名其妙地花出去，让他自己都摸不着头脑。

现代社会的年轻人，有高阳这般经历的人大有人在。这些初入社会的年轻人，在辛苦赚来的金钱面前，不懂得合理利用，不懂得怎样将钱花在有意义的地方。

这种不懂得合理利用金钱的人，实际上是缺乏对自我的认知和对生活合理规划的能力。

程云是一个心细的女孩，对自己的生活规划得很细致。每个月的工资，总是很有计划地分配。程云在一家私人企业做文秘工作，工资不高，但是每个月下来，程云的工资总会有节余。每个月工资发下来，程云就会列出一张开支计划表。在这张开支计划表中，程云将每笔开支精细到每个日常用品的消费上。而且，程云的计划清单中，从来不会把钱花在没有意义的地方。日常生活开支、平时的休闲娱乐开支、必要的交际费用，程云从来都是合理计划，从不过分。一分付出、一分回报，程云的日子在自己的精心打点之下，过得有声有色。

把钱花在有意义的地方，需要一种智慧。时下流行一个词语，叫做"乐活"。乐活族是一个从西方传来的新兴生活型态族群，倡导健康、自给自足的生活形态。美国社会学者雷保罗对"乐活"的定义是："一群人在作消费决策时，会考虑到自己与家人的健康和环境责任，是实践一种爱健康、爱地球的生活方式。"把钱花在刀刃上，就是乐活族的一种生活理念。把钱花在有意义的地方，每个人都有自己不同的理解。

张梦在一家媒体做记者，月收入中等。和张梦薪资水平不相上下的李英，却发觉自己和张梦的生活方式、内容等完全不同。拿着同样的工资，张梦的日子过得有声有色，而李英却是典型的"月光女神"式的生活。李英向张梦询问缘由，张梦给李英看了自己的收支计划表，李英顿时恍然大悟。

张梦领着中层阶级的薪水，却过着上层阶级的生活。原因很简单，张梦懂得怎样合理分配有限的工资，将每一分钱都花在了有意义的地方。

在固定的衣食住行方面，张梦的生活水平只是中等。没有过分的花销，一切恰到好处。穿着方面，张梦以舒服为原则，多选择适合自己形象和工作场所的服装，从不进行奢侈消费。在她的理念中，得体的衣服远比奢华的衣服更具价值。食物方面，张梦坚持合理的营养搭配，平时自己下厨，既营养又健康，而且花费很少。住房方面，张梦所租的房子是低等价位，干净舒适的布局掩盖了住所的简陋，一个人的小空间让张梦布置得非常温馨。至于交通出行方面，张梦尽量选择环保又节俭的公共交通出行。在这些必需的开支中，张梦尽量将其压缩在最低的水平，却享受到了最大的生活乐趣。

而在工作之余，张梦拿出了一部分时间和一部分金钱用在了自我进修上。无论是为提高业务水平的新闻班进修，还是为了提高自我素养的国画班进修，张梦在这方面的消费，从来不吝啬。

舒适的生活环境、健康的生活理念、积极向上的生活追求，因为适当的金钱分配而都得以实现，张梦的日子让李英心生艳羡。

　　张梦的每一分钱，因为用在了恰当的地方，从而发挥了它最大的作用。合理的金钱分配，为张梦带来的，不仅是一份高质量的生活，还有一种对生活能精细规划的能力，这种能力值得每一个年轻人去学习。

　　学会做一个理财的人，将自己的每一分钱花在刀刃上，才不会辜负当时换来它的那份辛苦。

心灵鸡汤

　　坚信每一分钱都要花在有意义的地方，是一种健康的生活理念，也是对我们付出的艰辛所作的最大的尊重。把钱用在刀刃上，需要智慧和自控力。做一个会赚钱的人，更要做一个会花钱的人。会花钱的含义，是让钱能够在最佳的时刻让你的生活更加幸福和完美。

走出"月光"的心理误区

当今社会，"月光族"的概念日渐风靡，面对着高速上升的物价和消费水平，年青一代中的月光族队伍在不断壮大。他们将月光"归功"于当前的高消费和低廉的工资，但是殊不知，是他们的生活方式让自己走入了月光族的心理误区。

"月光族"是时下流行的一个族群，特指将每月赚的钱都花光的人，"月光族"是相对于努力攒钱的储蓄族而言的。"月光族"的口号是："挣多少花多少"。

月光族一般特指现在的年青一代，他们没有老一辈的勤俭节约的消费观，而是在追逐生活潮流和生活节奏中尽情消费。

关于月光族的心理注解，专家曾经给出过答案：月光族的形成有不同的原因，有的人是因为缺少生活的磨难，不知赚钱的辛苦，所以不懂得珍惜金钱；也有的人是因为不懂得理财，所以在收支平衡上无法界定。当然，现在物价的上涨形成的高消费环境也让赚钱并不充足的工薪阶层被迫成为月光一族。

从社会经济的宏观角度来看，月光一族倾其所有的消费方式的确会拉动经济的发展，但从个人的生活和发展来看，"月光"并不是一个好的现象。

小欣毕业后已工作两年有余，但是却没攒下一分钱，是一个彻头彻尾的月光族。每个月发工资的时候，是小欣最富有的时候。但是往往还没等月末，小欣的工资便所剩无几。尤其在最后几天，荷包空空的小欣要靠父母的接济才能度过。其实小欣的月收入不低，算是中等水平，但是每月的房租、交通费、生活费、交际费等，一项一项算下来，小欣那笔薪水几乎已经没有剩余。至于理财，对小欣来说，更是天方夜谭。

当今社会，如小欣般的月光族比比皆是，而且大部分是单身。由于没有任何家庭负担，没有计划的随意消费，让这群薪水并不低的月光族往往前半月是富翁，后半月是"负"翁。

刚刚毕业的娟子初次参加工作，领到第一个月的薪水很是兴奋。第一次用自己赚来的钱买东西，花起来也格外顺手，不到二十天，娟子的荷包便空空如也。毫无理财计划的娟子，终于加入到了月光一族的行列。如何节约开支，成了娟子首先要解决的问题。

在朋友的建议下，娟子自己做了一个账本，每一笔开支都记在其中。一个月后，娟子的荷包又提前空了，但是面对着记载清晰的账本，娟子自己看出了其中的端倪。

娟子在一座二线城市的一家事务所工作，月工资6000元。以往娟子从不理财，也没有记账的习惯。支出方面，除了基本的生活开销之外，用于添置衣服、化妆品等的开销占去大部分。而且随着工作时间的增长，娟子追求的品牌也越来越高级，这样毫无节制的花费，到了月底自然就成了月光族。

记账后看出资金流向的娟子，除了每月基本的日常开销外，每次购买奢侈品时，总是权衡再三。而且，娟子开始了自己的理财之路。所谓理财，除了每月拿出固定一笔用于储蓄之外，娟子还开始拿少量的钱在朋友的指导下做起了投资。由于选取的都是风险相对较小的投资项目，再加上投入的比例不大，娟子的投资竟风生水起，账上的钱也逐渐多了起来，娟子终于走出了"月光"的困境。

对于月光族而言，合理的薪水节流和收支计划，是一个重要的课题。

首先，月光族应该做好合理的支出计划表。每月工资下来，下个月的开销大体有哪些，占怎样的比例都要有一个大概的计划。计划之外，每月拿出固定的一笔钱进行储蓄。钱不论多少，只要形成习惯，总会积少成多，在日后派上用场。

对于积少成多的储蓄，很多人不以为然。其实这里所说的每月固定的一笔钱，只占工资很小的比例。专家建议，每月储蓄工资的10%，对于普通收入人群来说非常适合。假如你月收入5000元，每月抽出500元来做储蓄，并不会影响你的支出，但是每月500元的储蓄日积月累，却是极为可观的。

其次，月光族应该根据自己的条件做出合理的投资，以增加收入。当然，投资的前提是要有风险意识和相关知识，不盲目投资，不做不符合自己身份的臆想。

张宁是一个有计划的人，平时的生活开支都有记录。在衣食住行等必要的开支之外，张宁总会拿出一小部分钱做理财投资。在经过相关的咨询之后，张宁认为，炒股需要大量资金的投入，而且波动过大，并不符合自己的现状，自己参加工作没多久，没有足够的时间、经历和资金做这种大投资，因此，张宁将理财目光转向基金。在经过多方面的对比之后，张宁选择了基金定投，每月拿出固定的一小笔钱开始做起了交易。2008年春节，股市暴跌，但是对基金影响很小。虽然基金的增长速度缓慢，但是张宁的坚持还是让他账面上的资金数量逐渐增多。

张宁的理财故事，对于月光一族，是值得借鉴的。在细水长流中坚持的投资，很适合薪水固定的工薪阶层，既不影响生活质量，又可以增加额外收入。

此外，在当今社会，交际费用是一笔很大的支出。选择同样节俭不奢靡的朋友，彼此产生良好的互动氛围，让自己的交际费用始终控制在合理范围之内，也是一个不错的选择。

总之，面对着月光族的困境，多管齐下改变生活方式，最终会帮助你走出这一心理和生活方式的误区。

心 灵 鸡 汤

合理规划自己的金钱，掌握好度的问题。月光族不是当今社会的必然产物，而是因一种错误的消费观念和心理误区产生的。走出这种错误的生活方式和心理误区，做一个善于掌控生活的人，让金钱为你的生活做出最好的服务。

树立让钱"生"钱的理财意识

当今社会是一个消费至上的时代，在这样一个时代中，把赚来的钱老老实实地存在银行似乎已经成了一个过时的行为和主张。具有"让钱生钱"意识的人，似乎才是这个时代金钱的主宰者。

我们老一辈对待金钱的传统观念很简单，就是把辛辛苦苦赚来的钱存进银行。存款的目的似乎并不是为了那并不丰盈的利息，而只是为这些现金寻找一个安身之处。而如今，这种对金钱的安置方式，似乎已经过时。

很多人面对赚来的金钱，考虑更多的是怎样将这些钱以最合理的方式进行各种投资，从而获取更大的利益，这就是钱生钱的理财意识。

曾经荣获经济出版物佛格尔奖的德国作家尼古劳斯·皮珀，在其著作《钱生钱的故事》中，用儿童侦探小说的形式，为我们普及了金融知识的相关概念，让我们在领略到经济学的无穷魅力的同时，认识了钱生钱的过程。

13岁的费利克斯本家里经济条件很差，窘迫的家境和成长环境让费利克斯本成为了一个谨慎胆小的孩子，但也造就了他异于常人的对获取金钱、财富的强烈欲望。费利克斯本机缘巧合地认识了对经济有着深刻理解的乐器店老板施密茨，并和小伙伴彼得、佳娜开始了寻求财富的历程。费利克斯本和小伙伴从修剪草坪和替人送面包挣辛苦费的原始积累，到在施密茨的引导下逐渐领略了钱生钱的无限魅力；从最基础的记账、成本核算等基本技能的学习到对银行存储、国债证券和股票、期货本质的认识以及基本操作程序的掌握，费利克斯本和伙伴们不断地领悟到了经济的无穷奥秘。

《钱生钱的故事》一经面市，便风靡整个欧洲，成为青少年最喜爱的畅销图书。在这本图书中，人类对金钱的渴望、对财富的追求以及钱生钱的种种奥秘，都被作者以最直观的方式表达了出来。

树立让钱生钱的意识，是一种健康的理财观念。只有拥有了健康的理财观念，才能让自己的资金在源源不断的翻滚中，为自己实现最大化的经济收益。

让钱生钱的方式很多，多渠道的撒网是一种最佳的尝试。初入社会的年轻人，在自己财力允许的情况下，应该具有做种种投资的尝试心理，为自己将来发展积聚原始资本。

年轻人初入职场不久，金钱积累还达不到丰盈的程度，选择合适的投资方式很重要。比如，把有限的资金分成几份，在保持生活水准和固定的小部分储蓄的前提下，选择合适的投资渠道，广播种，争取大面积丰收。

广播种包含的含义很多，无论是风险小的基金还是起伏较大的股票，或是其他任何形式的投资，只要和自己的身份、固有资本以及其他状况相吻合，就可以大胆投资。

当然，树立让钱生钱的意识，并不意味着任何形式的投资都值得尝试。聪明的投资人，懂得量力而行，懂得避开一些雷区，这种主动的规避，能够让你在钱生钱的过程中获得最大的收益。

目前房产市场的热度居高不下，很多人便开始打起了它的主意。但是，我们应该在投资之前，考虑到自身的条件。

阿伟是一名普通的公司职员，稳定的工薪阶层。结婚后，家庭以及生活的压力开始逐渐显现出来。为了能够让自己的生活水平更上一层楼，阿伟打起了投资的主意。面对着纷繁复杂的投资市场，阿伟非常为难，低收益的投资短时期内没有太大成效，高收益的投资风险又太大。权衡再三，阿伟看重了楼市投资的市场。

但是，以阿伟目前的收入状况来看，投资楼市简直是天方夜谭。单说首付阿伟就无力负担，即每个月的月供，对于薪水固定的阿伟来说，更是一个不可能实现的梦想。

但是对于金钱的渴望，冲昏了阿伟的头脑。在动员老家的父母和岳父岳母之后，阿伟终于凑够了首付，买下了一个中等地段小户型楼房。但是，阿伟和妻子的收入只有固定工资，应付家计之外所剩无几的钱，根本无法承担月供。无奈，阿伟开始向银行贷款。本是为开源而买下的楼房，却成了阿伟最沉重的负担。贷款与薪水的不对称，让阿伟陷入了金钱的恶性循环中。钱生钱的美好愿望，也最终落了空。

阿伟的盲目贷款，一方面使得家庭的财务收支难以平衡，另一方面自己还要承受着巨大的心理压力。

此外，钱生钱的投资误区还包括妄图短期牟利的彩票买卖。近年来，买彩票中大奖成为许多人想要发家致富的首选。有些人，妄图一夜致富，将所有的钱投到了彩票市场，却最终影响了其正常生活。对于彩票市场，应该拿出小部分钱并抱着一颗平常的心看待才对。

当然，投资渠道的单一也是阻碍钱生钱的一种错误的理财观念。

很多人把钱存入银行生息或买债券，以求收益的稳定，这种求稳的方式很难产生大的经济回报。理财专家称，只有投资多元化，并勇于承担投资风险的人，才能在钱生钱的搏击中站稳脚跟，获得丰厚回报。总之，具有钱生钱的意识，也是具备了一种良好的投资理念。至于如何在日常生活中将其一一实践，则需要每个人根据自己的情况作出适合自己的选择。

心灵鸡汤

改变传统的银行储蓄观念，运用新的投资方式进行理财，是一种健康时尚的投资观念，但投资的目的，不外乎是一种让钱生钱的方式。如何让固有的金钱在有限的时间内形成客观的利润增长，是需要用敏锐的市场观察力寻求符合自己情况的生财之道的。只有树立健康的生财之道，财源才会滚滚而来。

以敏感的心对待风险投资

"股市有风险，投资需谨慎。"这句随处可见的提示语，用最简洁的语言，为我们描述了投资的核心困难。面对风险投资，一个心思敏感的人，更容易在波涛诡异的投资场中，嗅到不一样的气息，从而为自己的从容进退提供最可靠的依据。

在一切具有高风险、高潜在收益的投资中，拥有敏感的心态是非常重要的。

投资领域波涛诡谲，变幻莫测，初入投资市场的年轻人，在经验等方面存在着欠缺实属正常，而经验的缺失，必然会带来更大的风险，这就要求我们在投资之初，要具备足够的风险意识。此外，在遭遇风险打击时，一个良好的耐挫心态也至关重要。

在风险投资的各个环节，我们都要保持时时谨慎的态度，否则便会功亏一篑。2000年，保罗·艾伦的一次失败的投资经历，给人们敲响了警钟。

保罗·艾伦是美国著名企业家，曾和比尔·盖茨创立了微软公司的前身，是世界上最富有的人之一。

　　2000年2月，保罗·艾伦向远程网投资了16.5亿美元，当他向鲜为人知的远程网公司开出巨额支票时，很多人都非常吃惊。远程网公司的主业是宽带业务，曾宣称要与地方电话和有线电视公司一较高下。艾伦投资时表示，远程网将成为自己投资的重心。然而，保罗·艾伦的投资时机很不好，在网络股全体滑坡之前，他开出的支票已经兑现。更糟糕的是，艾伦在与远程网首席执行官大卫·麦考特的谈判中也落在了下风。保罗·艾伦没有购买远程网的普通股，而是购买了优先股，优先股有红利可拿，而且在要求获得公司资产时优先于普通股。此外，远程网的优先股还可以兑换成每股62美元的普通股，也就是说，艾伦有权利以62美元的价格优先换取远程网的股票。远程网的股价曾经一度冲上70美元，艾伦当时一定沾沾自喜，可现在，远程网的股价仅在4美元左右。一般来说，持有优先股，多多少少可以降低这种价格暴跌的风险，因为优先股可以获取现金红利，到期后又可以把原始投资换回成现金。可是艾伦的优先股不同，他的红利将以按60美元兑换的新的优先股来支付，而不是现金。最糟糕的是，艾伦的优先股在2007年到期后，麦考特有权迫使他将优先股以62美元的价格兑换成远程网普通股，而不是收回16.5亿美元。那样的话，艾伦将拿到2660万股远程网普通股(目前大约价值1亿美元)。当然，这些假定都是以远程网的寿命为基础的。

　　保罗·艾伦失败的投资经历，给自己以及世人留下了一个深刻的教训，就是要以绝对敏感的心态对待投资的每一个细节。对于初入投资场的年轻人，不及保罗·艾伦经验老到，更应该以万分的小心来面对每一个细节。

　　在搜寻投资机会的时候，不管是以哪种方式接触到的投资机会，都应该投入百分百的精力，不放过每一个潜在的机会。

在初步筛选阶段，面对着投资项目的相关资料，要进行仔细审核，在其中作出最合心意和利益的选择。

在调查评估阶段，要不厌其烦地对即将投资的项目做全方位的调查，以验证所收到的材料的准确性，因为这是决定投资与否的最重要也是最后的一个环节。

以敏感的心态面对你所发现的所有问题，并寻求理智的解决方式。当所有的问题得到解决之后，投资交易开始之时，风险便成了不可回避的责任。在投资初期进行最大限度的投资考察，对投资风险的结果有着至关重要的作用。当所有的前期工作努力完成之后，风险投资人要做的，就是以一颗平常心来看待投资结果了，无论结果好坏，都需要你独立承担。

在美国，一个风险投资商对于创业项目的成功概率控制在10%左右已经是极大的成功，因为任何一个成功的创业项目给风险投资商带来的回报可能是几十倍、甚至几百倍。而对于初入投资场的年轻人来说，更应该做好承担风险的准备。

勤俭节约曾是中华民族的传统美德，而在经济高度发展的今天，年轻人更愿意做一个能挣会花的人，在能挣的范围中，风险投资成为许多年轻人的首选。面对风险投资，年轻人应该做好足够的防范意识，谨慎对待投资项目的选择。专家提醒，年轻人初入投资场，要合理选择投资项目和产品，规避投资的风险，这也是一种敏感心态的表现。

年轻人面对着繁杂的投资环境，应该擦亮眼睛，抖擞精神，以最谨慎的态度来规避最大的风险。

在选择投资时，应该学会将不同风险程度的投资项目作对比，依据自己的实际状况作出选择，这种瞻前顾后的方式，可以有效地降低投资风险。每个准备进入风险投资领域的人，都应该结合自己的资金实力、经验，制定出符合自己情况和资金规模的投资计划。

投资前做足功课，将风云变幻的投资市场的种种变化纳入眼中，做一个胸中有丘壑的人，以便在接下来的投资过程中，打好最坚实的战争。

作为初入风险投资场的年轻人，切记的一点是，防范的敏感心态比获取收益的欲望更重要。不要在初入投资场之时就被利益的欲望蒙蔽住眼睛，从而造成更大的损失。

年轻人应该保持一种敏感的心态，在风险投资中小心谨慎，以获取最大的收益。

心灵鸡汤

以敏感的心对待风险投资，是一种面对自己的固有资金的慎重态度，也是投资领域的一项必需的心理素质。在起伏不定的投资领域，敏感的心态是取得投资胜利的法宝。保持一个良好的心态，做一个投资领域的专家。

盲目网购不可取

随着网上购物的日趋流行，它给我们生活带来的方方面面的影响和作用愈加明显。一方面，它为我们提供了一种便利的生活，另一方面，我们也因这种便利陷入了一种依赖的状态，从而导致了生活中各种问题的发生。

随着互联网普及率的提高，网上购物渐渐成为一种潮流和趋势。无论是哪方面的商品，我们大多数都可以在网上购得。一件事物能够成为潮流和趋势，自然是有它的理由，网上购物也不例外，因为不受时间、地点的限制，选择范围广泛，再加上省时便利，网购成为人们生活消费的主流渠道之一实属正常。

但我们不可否认的是，网上购物也存在一定的风险。一是网上商品良莠不齐，一旦买到了不称心的商品，退货和维权难度非常大；二是网上购物陷阱很多，一些诈骗人员非法链接正规网站实施诈骗，消费者在付款时很容易遇见银行账号、密码被窃取的情况，最后财物两空；三是由于在购物时需要填写个人信息以便交易的形成，所以消费者的个人信息很容易被不法分子窃取，从而造成更大的影响和损失。

这一切都要求我们在购物时一定要货比三家，而且要注意选择信誉较好的网上商店。在网上选择物品的时候，更要求我们仔细查看，除了要求要有产品的质量保证，还要有商家的信誉保证，以及最安全的付款渠道。

此外，参与网上购物的人，有的时候只是看到了一件东西，并没觉得是必要的选择，但是因为买了其他的东西，觉得反正是一起送货不会麻烦，再加上很多东西看似物美价廉但实际情况并不能马上看到，所以盲目购物就成了一种普遍现象。很多时候，正是贪图便宜的心理让参与网购的人赔了夫人又折兵。

吴雪在商场看中了一款名牌运动鞋，标价2000多元。吴雪觉得有点贵，想起平时在网上购物比较便宜的经历，于是决定回家到网上看看再说。回家后吴雪打开电脑一看，同款鞋子在一家网店的价格才1300元一双，比商场便宜了近一半的钱。吴雪决定和网店店主讨价还价，但店主称这双鞋是商家正品货，不能太便宜。经过协商，卖家最终以1200元的价格将鞋子卖给了吴雪，并承诺钱汇到后三天到货。付款后的吴雪在三天后收到了卖家发来的货，看到货后才发现，鞋子的质量比商场卖的要差得多。吴雪要求卖家退货，几番交涉，卖家同意退货。但前提是，货退回去之后，只有符合卖家的退货原则和条件才可以，汇款才能取回。但是，想到卖家事先的承诺和事后与事实的出入，吴雪并不确定最后能不能收到退款，没办法，吴雪只得认栽了。

为了贪图一时的便宜，吴雪最后可谓是钱物两空。

现在的年轻人，整天与电脑打交道，所以每天动动鼠标，没事上网店看看，顺手买几件看似便宜的物件，便成了一种普遍心态。日积月累，陷入网购瘾的人，在不必要的消费方面，会产生很大的一笔开支，甚至严重影响了生活其他方面资金的支出。

何飞就是一个为"网购瘾"而忧虑重重的人。何飞的妻子小玲很喜欢网上购物，觉得很便利，而且作为SOHO一族，小玲每天都在网上挂着。工作之余，小玲常常会隔段时间就进网点闲逛一番，看到一些喜欢的或是很便宜的东西，无论有没有价值，小玲往往会顺手买上几件。何飞发现，每过一两天，就会有包裹送到家中来，大到家具物什，小到一个手机挂件，小玲沉溺于网购的刺激和快乐中不能自拔。每次东西到货，小玲总会自鸣得意地告诉何飞，这个东西多好多好，比商场超市便宜了多少钱。但是到了月底算账，何飞发现，家里的购物款项不但没有减少，反而涨幅很大。小玲看似买了不少便宜货，实际上却是许多不必要的开支。面对着妻子不可遏制的网上购物瘾，何飞感觉很无奈。

其实，像小玲这样网购成瘾的人大有人在，调查显示，很多网友坦言自己有网购瘾，想要控制却无能为力。很多人都表示，网购不同于普通购物，因为价格很便宜，再加上在购物前不能看到实际的商品，厂家总是极度美化，所以很多人养成了不能抗拒的网购习惯。往往等月底算账，列出了清单才让自己吓一跳。

其实，形成这一现象的原因很简单。据调查显示，女性网上购物上瘾的人，相比于男性，更多一些。女性更喜欢逛街，但是随着生活压力的增大以及工作的日益繁忙，逛街时间被大大缩短。网上物品相对来说比较便宜，服务又比较方便，因此，网上购物成了许多女性的最佳选择。

从网上看到过这样的一篇报道：

刚领到第一笔工资，两天就在网上花了个精光，家住白云楼社区的李大妈最近为女儿网购成瘾非常忧虑。

　　李大妈的女儿去年大学毕业，上个月，她的女儿刚被城区某机关正式聘用，最近刚领到了第一笔工资。李大妈原本以为女儿有了收入就不会找父母要零花钱了，谁知没过几天，女儿又开始要钱了。

　　"她每天一下班回家就泡在网上，我做好饭后还要喊几遍她才出来吃。"李大妈说起这件事，总是愁容满面，"每天不到网店逛一下，总感觉有事情没干完。"李大妈的女儿现在已经把逛网店当成了每天的"必修课"。

　　李大妈的女儿告诉记者，在网上购物看不到现金，点击刷卡也已经麻木了，一不留神就买了很多东西。李大妈在接受采访时也说，女儿最近刚领到了近2000元的工资，结果两天就在网上花光了。

　　心理专家表示，一旦形成网购瘾，就会很难控制自己的行为，而这种行为也很容易演变成一种强迫症。面对这种现象的产生，专家提示，为了遏制网购瘾，可以适当转移注意力。如果发现自己有网上购物的冲动，就应转向做其他事情来分散自己的注意力。此外，减少上网闲逛的时间，做一些有意义的事，也可以降低网购的欲望。

　　不可否认网购给我们的生活带来了便利和实惠。但是，一味沉浸其中，不仅造成了过度消费，还会让自己对网上购物产生一种强烈的依赖心理。由于网购一般是采取非现金交易的方式，人们看不到金钱的实际流通量，所以很难节制。

　　新兴事物的产生有它的利与弊。网购本身并没有错，但是对于作为消费主体的我们来说，应该学会控制自己。凡事都讲究一个度，过犹不及的道理我们都懂。掌握好了这个度，我们才能利用网上购物这个新兴的事物，来丰富我们的生活，让其为我们的生活服务。一旦超越了这个度，网购便成了无法遏制的欲望，透支你的金钱。

　　年轻人接触新鲜事物的机会比较多，网上购物的消费人群基本上也以年轻人为主。面对着网上购物的种种诱惑和风险，年轻人应该用一种冷静的心态面对。让我们以良好的心态面对这一新兴消费方式，让它为我们的生活提供应有的便利。

心灵鸡汤

面对着新兴的网上购物方式，我们应该采取一种谨慎的态度。购物的原则是以需要为准，不要因为一种购物形式而影响了购物原则。我们应该明白，任何消费形式都是为我们的生活服务的，千万不能为买而买，让你的生活受到影响和困扰。做一个谨慎有节制的人，谨慎对待网上购物。

第7章

Chapter Seven

甜蜜恋爱也要有点"小心理"

爱情是人世间最美好的事物，是值得我们付出最大的努力去获取的东西。我们在人生的旅途中，一路行走，一路渴求。一个拥有爱的能力的人，才能获得属于自己的幸福人生。

以正确的心态对待恋爱

法国作家莫里哀曾经说过："爱情是一位伟大的导师，教我们重新做人。"可见，恋爱之于人的一生，有着无可估量的作用。风华正茂的年轻人，应该学会以正确的心态对待恋爱，让自己成为一个在爱中成长的人。

郭沫若曾经说过："春天没有花，人生没有爱，那还成个什么世界。"的确，爱在人一生中的地位，是没有什么能够取代的。而这份人生的大爱中，爱情占据了非常重要的位置。

年轻人正拥有人生中最灿烂的时光，恋爱不可避免地成为年轻人生活中的重点。拥有良好的恋爱心态，对人的影响至关重要。人生百态，恋爱观自然也是数不胜数，怎样的恋爱心态才是好的？拥有什么样的恋爱人生才完整？这是年轻人普遍关注的话题。

在一场恋爱中，一份良好的心态会让你的爱情更加完美，会为你的人生增添很多快乐。

恋爱中必须谨记的是，自己是一个独立的个体，不要为了迁就他人而改变你本来的面目。一份美好的爱情是相互包容的，刻意的改变会让自己和爱情变得面目全非。

　　当然，坚持自我是恋爱的前提，但过于以自我为中心却是一个自私的选择。有些人，尤其是一些个人条件比较优越的人，往往在恋爱中独断专行。持这种心态的人，往往要求恋人以自己为中心，整天围着自己转，而自己却不去考虑对方的心理感受。拥有这种心态的人，最终会失去爱情。

　　莎莎在学生时代曾是大学校花，身边的追求者数不胜数。毕业后进入一家外企工作，青春靓丽的莎莎成为很多人的追求对象，在千挑万选之后，莎莎终于找到了自己的白马王子。谈恋爱的初期，莎莎和男友的感情很好。慢慢稳定下来之后，莎莎的小姐脾气又开始发作了。由于学生时代追求者众多，习惯了万千宠爱的莎莎养成了一副高傲的个性。习惯了被人捧在手心中呵护的莎莎，自然对男友也是一样的要求。但是，这种过于自我的心态暴露后，莎莎的男友有些吃不消。两人不在一起的时候，只要莎莎想起什么，一定要男友随叫随到，听从她的吩咐和差遣。只要两人闹起别扭，莎莎不管对错，总是要求男友低头。平时出去玩或吃饭，莎莎也从不顾及男友的感受，万事以自己为先。

　　在过去的岁月被宠坏的莎莎，任性地挥霍着两人的感情。在莎莎的世界里，男友的迁就是没有任何条件的，恋爱只是一种体现自己特权的方式。不懂得体谅别人的莎莎，最终只能接受男友提出的分手。

　　莎莎的独断，是对自己的过于自信。然而，太过自信、太过自私的性格，是恋爱中的大忌。

　　太过自信固然不好，但是没有自信也是不行的。爱情是上天赐给人类的最美好的感情，是每个人都拥有的权利。在爱情面前，人人都是上帝的宠儿，也就是告诉每一个在爱情中不自信的人，应该抛弃自卑的心态，自信地去寻找属于自己的爱情。

　　有些人，面对爱情有过一次或是几次的失败之后，往往自我封闭起来，自言不再相信爱情，这是非常错误的。要知道暂时的情场失意，并不是世界的末日。作为每一个独立的个体，我们总是处在寻找爱情的路上。暂时的失败只是告诉我们，这是一份并不适合的爱情，我们还需要努力寻找、安心等待。

　　在恋爱中，还有一种心态值得注意，就是过于求全的完美心理。完美只是存在于我们意念中的一种假象，在客观世界中并不存在，人无完人，每一个人都或多或少地存在着这样或是那样的缺点。不是有一句话这样说吗："我们都是只有一个翅膀的天使，只有彼此相互拥抱才能展翅飞翔。"作为单翼天使的我们，在承认自己缺点的同时，也应该学会体谅别人的短处。爱情是一个双向的选择，你的最终决定，不是因为对方的完美，而只是因为对方是最合适的那一个。

　　如果在恋爱中抱有太过求全的心态，就会让自己的恋爱之路变得异常艰辛，你也会在挑剔的路上越走越远，无法回头。这一路走来，很可能错过了本该属于自己的爱情。

　　芳芳已经接近而立之年，却一直在爱情的道路上磕磕绊绊。眼见着同龄的好友一个个拥有了美好的姻缘，芳芳却总是找不到适合自己的另一半。有了稳定归宿的好友开始为芳芳做起了媒人。将不同类型的青年才俊摆在芳芳面前，芳芳却总是不满意：这个长得不好，那个有很坏的小习惯，另外一个不符合我要求的标准……总之，没有一个能得到芳芳的青睐。好友问芳芳，什么样的男人才符合她的要求，芳芳的回答却是："我怕是找不到了，我心中那个完美的人从来没有出现过。"

　　诸如芳芳这样的大龄未婚青年比比皆是，面对着坎坷或是苍白的爱情遭遇，每个人都有自己的理由。但不可否认的是，其中一部分人，就是在自己寻找完美的臆想中，错过了本该属于自己的大好姻缘，只能独自品尝孤寂与失落。

恋爱不管充满多少挫折，始终是人生中最美好的经历之一。学着以一份良好的心态去看待爱情，看待人生，你的人生一定是精彩万分的。

心灵鸡汤

　　美好的爱情是上天给我们的一份馈赠和嘉奖。以正确的心态对待恋爱，既是对自己负责，也是对他人的一种尊重。拥有一份良好的恋爱心态，在爱情中擦亮眼睛，相信爱情，全身心地投入到爱情中做一个享受恋爱、享受生活的人。

勇敢说出心中的爱

"世界上最远的距离，是我站在你面前你却不知道我爱你"，这句在我们的生活中广泛流传的话，一语道出了暗恋者的辛酸。爱情是一个相互的关系，得不到回报的暗恋，是一种情感上的不对等。让我们勇敢说出心中的爱，不要让自己的人生因一再错过而充满遗憾。

有人说，暗恋是世界上最真挚、最洁净的情感。在许多文学和影视作品中，这是一种倍受推崇的情感。心怀暗恋的人，在自己的想象中将暗恋的对象加以描摹、美化，并在这种美化中坚守自我，愈加沉沦。

徐静蕾的作品《一个陌生女人的来信》中，将一个在爱情中卑微暗恋的女性的满腹情感描摹得无比心酸，而作品的结尾传达的，却是"我爱你与你无关"的主题。

爱情本是双向的，在"我爱你与你无关"的暗恋中，这种不对等的爱，带给人的，更多的是一种伤害。

关于暗恋的故事很多，最经典的，莫过于童话大师安徒生的《海的女儿》。在这个忧伤的故事中，站在角落遥望爱人的小美人鱼，成为许多有着相似经历的人的最爱。童话总是给人安慰，在故事的结尾，暗恋无果的小美人鱼，成全了所爱的人，换来了一个不灭的灵魂。这个与爱情无关的结局，总是让人悲伤。

日本电影大师岩井俊二的《情书》，曾经让很多人缅怀已成为记忆的青春。电影中两段交错的爱情，追溯本源，只是一个人在少年时代无果的暗恋换来的一段经历。学生时代，因为名字的关系而走进彼此生活的两个少年，都叫做藤井树。因为这个不可更改的事实，两个在青春期相遇的男女，在被迫连在一起的命运中，开始了一段青春的回忆。男藤井树喜欢上了女藤井树，但是无从表白。后来，由于命运的阴差阳错，两人消失在彼此的生活中。多年后，男藤井树意外去世，其女友在追思中掀开了男友这段无果的暗恋。少言寡语的男藤井树，在错失年少时代的爱情后，遇见了一个和曾经暗恋的女藤井树长得很像的女孩渡边博子，两人相恋。但是，这段错位的爱情，最终因为男藤井树的死亡而夭折。

这是一部成功的电影，影片中，两个藤井树之间那份朦胧的爱情，曾经让许多人泪流满面。男藤井树的命运与经历始终让人慨叹。一个心怀暗恋的少年，因为没有表达，而失去了最爱。若干年后，却将最初的情感寄托在另一个容貌相似的人身上。只是，这段被动、脆弱的感情，最终无法开花结果。电影的编剧，以一个悲剧的基调回忆这段青春之恋，固然是因为男藤井树的意外死亡而使他人生的第二段感情被拦腰折断，但是，这又何尝不是因为其情感的错位而造成的爱情本身的死亡呢？

多年后，这部电影依然让人怀念和感叹那段美好的暗恋。但是，当年，两个藤井树的擦肩，又何尝不让人遗憾？

大部分描写暗恋作品，都被描摹得异常美好，我们感叹它的美丽，却看不到它的残缺。

　　文学是用来憧憬的，生活却是我们自己最真实的感受。能够遇见一个值得去爱的人并不容易，如果只是因为怯懦或是其他微不足道的原因而错过，将会是人生最大的遗憾。因为错过的，也许永不再来。

　　海的女儿小美人鱼虽然最终获得了一个不灭的灵魂，但是，又有谁来弥补她的爱情？

　　生活在现实中的我们，切莫让文学作品中的情感主导我们人生的选择。面对爱的人，要勇敢说出口，也许只是一次表白，就会收获人生长久的幸福。错过，是人生最大的悲剧。

　　姗姗在大学时代遇见了第一个爱的人。四年的大学生涯，两人从最初的相识，到最后成为朋友，着实经历了一段最快乐的时光。在交往中互生情愫的两人，却因为怕失去而不敢正视自己心中最真实的想法。四年的大学生涯，两人始终以朋友相称，看着彼此成长，看着彼此找到别的恋人。但是，心中有所保留的二人，所经历的每段爱情最后都无疾而终，但两人依旧不敢向前迈一步。大学毕业后，姗姗选择了出国进修，男孩则回到故乡生活。

　　很多年过去了，在同学聚会中相遇的两人，隔着多年的岁月，借着时光的感叹和酒精的氤氲，终于将自己曾经最真实的感情一一表达。但是彼时，两人都已各自有了属于自己的归宿。年少时代的错过，终无法回到从前。多年来的辛酸和苦楚，只因曾经的胆怯，而被愈加放大，直到影响彼此的人生。如今，错过的永不再来，而现在的拥有，又不可改变。一切，都只剩下追悔莫及了。

　　许多人之所以甘愿沉沦在暗恋之中而不敢言明，是怕表白之后遭到拒绝，反而令两人的关系疏远。但问题是，你真的甘心只在背后默默地关注吗？爱情与友情是不能对等或是相互代替的。只为维持一个最低的标准，而放弃也许会成功的表白，是人生的愚蠢。

表白之后，也许会遭遇拒绝，但是，勇敢去爱的人，人生是没有遗憾的。更何况，谁又知道，表白之后收获的，不会是你所渴望已久的爱情呢？

做个勇敢的人，真心付出，大胆表达自己的爱，无论结果与否，收获的，都是一份没有遗憾的人生。

心灵鸡汤

没有行动的爱情永远只是镜花水月，让人不能靠近，而遥望和等待，只会让我们错过也许本该属于自己的幸福。单程的人生旅途，我们都应该用行动来减少遗憾，勇敢说出心中的爱，不管结果如何，我们总会得到解脱，得到安慰。

恋爱也需要呼吸

身处恋爱中的两个人，在热恋期黏在一起是一种很正常的现象。但是，每个人都是独立的个体。如果两个人捆绑在一起太久，反而不能更好地相处。著名的"豪猪理论"告诉我们，太过靠近反而会伤害到彼此。给对方一个空间，让爱得到呼吸。

爱情是属于两个人的空间，在爱情的空间里，相爱的人彼此扶持、依靠是理所当然的事，但是过分的亲密，却成为让人无法喘息的负担。

恋人的关系就像挤在一起的豪猪一样，如果相互之间不留任何空隙，反而会带给彼此更大的伤害。

军旅生活喜剧《炊事班的故事》中，有一集叫做《小吴老师》，老高把老乡小吴老师请来为全班做写作辅导。在这期间，小吴老师不断接到男友的电话，追问她的行踪。炊事班的人无意接到小吴男友的电话，大家纷纷劝诫他，不要总是因为疑心而整天追问女友的行踪，不要总是把对方看得太紧，不给彼此呼吸的空间。要记住信任是爱情的基础。小吴老师也说，和男友因为是同事的关系，两人天天见面，有时很烦。她的离开，也是想给爱情一个休息的机会。

在炊事班里经历了相隔两地的爱情后，小吴老师懂得男友对自己的珍惜，两人和好。当然，电视剧的剧情是为了烘托炊事班的人物而做了一个理想的结局，但在实际生活中，这种让人窒息的连体式爱情却是很难长久的。空间太过密集，只会让彼此失去美感，心生厌倦。

相恋两年，苗苗的男友向她提出了分手，苗苗伤心欲绝。两年前，苗苗和男友在一次朋友聚会中相识，一见钟情。交往初期的二人感情非常甜蜜，男友更是想尽办法哄苗苗开心。但是，随着两人的感情过渡到"平稳期"后，一些矛盾渐渐出现了。苗苗是一名幼儿园老师，人很单纯，平时交际很少，也没有太多的朋友。单身时代的苗苗过着一种很宅的生活，工作之余往往是一个人宅在家里。和男友交往后，男友就成了苗苗的情感依靠。只要是工作之余，苗苗就是黏着男友。开始的时候，因为处于热恋期，男友觉得也很正常。但是，时间久了，就开始有些受不了了。苗苗的男友是一个交际圈很广的人，平时有很多应酬，各行各业的朋友因着各种关系和缘由经常会聚在一起，苗苗便要求和男友一起赴约。但是有些场合的确不适合带女友出席，这时的苗苗便抱怨男友。每当男友不在身边，苗苗隔几分钟就发个短信或是打个电话，追问男友的行踪。节假日，无论什么借口，都不足以让苗苗放弃追随男友的机会。苗苗过分的黏人，让男友觉得很吃不消。两人为此也吵了很多次。苗苗觉得男友没有全心付出才会如此，但是男友给她的解释是，大家都是成年人，都有属于自己的空间，即使是亲密恋人，也应该有一个度的问题。苗苗分分秒秒要跟男友在一起，这固然是爱，但这种没有距离的爱却让人不能呼吸。苗苗始终不理解，自己的爱怎么会给男友这么大的压力。最终，无法沟通的二人在痛苦中分了手。

其实，苗苗的爱本身没有错，错就错在她始终不明白，一份成熟的爱，是要给对方足够的时间和空间的。苗苗觉得，我爱你，和你在一起是理所当然。但是，爱的真谛不是对对方的捆绑，而是要让对方在自由快乐的心境中体会爱的意义和甜蜜。过于亲密的距离，只会让对方无法喘息。

我们都是生长于不同环境的独立个体，每个人都有属于自己的独立空间。两个人因为相遇而走在一起，但生活的轨迹还在继续，彼此之间，有不同的社交范围实属正常。

爱情是讲究分寸的，在爱情中，给对方空间是很必要的。我们身边的年轻人中，像苗苗一样的大有人在。这样的人，因为生活环境的单一和人际关系的简单，平时没有过多的社交生活。但人是害怕孤独的，所以，这样的人，一旦有了属于自己的爱情或是人际空间，便会牢牢抓住不放。一方面，对方频繁密集地与他人交际，让自己失去安全感；另一方面，自己的孤独又让自己不得不紧紧抓住对方。这样一来，自然是给对方一种无法享受到自由的感觉。

建议社交圈狭窄的年轻人，在人际交往中多多拓宽自己的交际渠道，在丰富自己业余生活的同时，给爱情一个喘息的机会。并且，我们应该看到，适当的距离会产生美感，恋人在短暂的分离后会更珍惜彼此相聚的时光。

能呼吸的爱才会长久，会让对方呼吸的人，才是一个懂得相处之道的人。爱情的空间，是一个相对的选择，掌握好彼此的距离，让对方既不因过于频繁而产生厌倦，又能在短暂的分离中学会珍惜。

　　要学会给对方自由，就像你手中握着沙子，即不因为你攥得太紧而让沙子全部漏下，也不因你攥得太松而让沙子滑下。唯有这样的爱，才会让对方感受到真正的幸福和甜蜜。

心 灵 鸡 汤

　　人与人之间是需要距离的，"距离产生美"这一理论，在爱情中凸显得淋漓尽致。在适当的距离中，学会与恋人和平相处，在给彼此空间的同时，让爱情得到喘息，得以继续。热恋中的人，尤其应该注意：物极必反，没有间隙的关系反而不容易走到终点。

尝试改变对方的恋爱多半不甜蜜

两个相爱的人，在选择彼此之后，往往会在相处的过程中存有改变对方的想法。想让对方更优秀，想要对方按自己的期望生活，想和对方保持一样的生活模式。点点滴滴，努力要对方向自己要求的方向靠近。但是，太过苛求只会让双方的关系陷入矛盾中。

恋爱中的人，总是有一种很奇怪的想法，就是试图在相处的过程中不断对对方施加影响，妄图使对方变成一个按自己理想模式发展的人。这些人总以为，只有如此，双方才能在相处中保持步调的一致，从而使双方的关系长长久久。这种想法的理论层面是对的，只有在生活和观念中步调一致的人，才能更好地相互适应和磨合。两个相差太远的人，很难使关系长久地稳固。

但是，这样的人应该明白，两个人来自不同的成长环境，难免会有不同的地方。所谓"江山易改，本性难移"，在一些小细节方面彼此可以相互适应或是改变，但是在大的方面，譬如生活理念、生活方式上，不要妄图对对方施加过大的影响。对成年人来说，他的生活模式基本上是固定的，而且每个人都有坚持自我的权利。既然选择了爱，就要爱他的全部，尝试改变对方的恋爱大多不会长久，因为变来变去，面目全非的人早已不是初始的选择。每个人都有自己的尊严和自由，做一个有生活智慧的人，选择好爱情后，就要好好经营，好好坚持。在相同的大前提下，用爱去包容对方。

郝敏在迈入而立之年的时候，邂逅了生命中的白马王子，一见钟情的他们在相遇不久就步入了婚姻的殿堂。新婚生活伊始，婚前并没有太多相处时间的两个人，慢慢地发现了彼此的不同。

郝敏是一家出版单位的中层主管，是一个很强势、也很上进的女人。恋爱结婚前，郝敏的生活模式很简单，除了繁忙的工作，业余时间全部被进修填满。无论是为了继续升职的专业培训，还是为了掌握更多的知识，勤奋好学的郝敏，将自己的日子过得匆匆忙忙。

郝敏的爱人李博是一个公务员，平时工作很规律，朝九晚五，很是清闲。李博是一个很温和也很会享受生活的人，他对自己的现状很满意。除工作之外，李博的业余生活和郝敏相比简直就是享受。他平时下班后，不是和朋友下下棋，就是一个人看看电视，要么就是去各处寻找美食小馆，以满足自己对美食的热爱。

实际上，两个人在性格方面存在很大的反差，郝敏风风火火，对事业很有追求，这样急性格的人，面对着李博这样生活悠闲的人，自然会产生矛盾。恋爱之初，李博的浪漫让郝敏很受用，虽然对其"但求安稳"的性格有一定的了解，但是，郝敏一直坚信，只要两个人在一起，一定可以引导李博做一个积极进取的人。

步入婚姻殿堂后，郝敏开始了她的改造计划。平日里，郝敏会抓住任何机会不遗余力地向李博灌输人要上进的观念。只要李博坐在家里看电视，或是想去逛着玩，郝敏就会苦口婆心地劝他，好好抓住时间为自己做一个人生规划，不要这么年轻就耽于享受生活。郝敏总是用自己想象的美好蓝图来激励爱人，试图将他变成和自己一样为了生活勇往直前的人。但是，效果并不明显。随着时间的推移，对于郝敏的规劝，李博开始不耐烦了，他说："我不觉得自己不上进，我很享受目前的生活。我自始至终都是这样的人，不会为了谁去改变我早已经固定的生活模式。你既然当初选择了我，就该接受我的一切。"郝敏很委屈，觉得李博是不珍惜自己的感情，因为在自己千描万摹的未来中，她需要一个和她携手并进的人。

在这种矛盾观念的影响下，两人的争吵也越加频繁。每见李博下班后赖在家里，郝敏就忍不住唠叨。久而久之，两人的摩擦越来越大，终于在结婚的第二年，两个生活目标本就相去甚远的人，不得已走到了婚姻的尽头。

其实，在这场失败的婚姻中，郝敏从一开始就犯了错，她以为自己可以改变对方，殊不知，人的本性并不是一朝一夕就能改变的。

如果你爱一个人，就要做好接受他全部的准备，如果他的某些方面不如你意，或是让你无法忍受，尤其是生活模式上，试图改变对方是一种徒劳的选择。

在爱情与婚姻中，要么接受，要么离开。不要将自己的意志强加在对方的身上，这样的结果一定不会尽如人意。

在生活中学会爱，学会接受对方，学会宽容面对一切不同于己的方面，才是最佳的选择。爱对方，就应该学会爱他的不同。人生的成功模式或是快乐模式不止一种，每个人都有权选择自己喜欢的生活轨迹，没有人愿意让别人去改变自己、打击自己，并妄图否定自己的生活。

在爱情中，不要试着去改变对方，而是要试着适应对方，这是对爱的尊重。既然选择,就要学会接受。

从你打算改变对方的那一刻起,你就已经否定了自己当初的选择。即使你改造成功了,那也只是一个另外的"他",而再不是你曾经爱的那个人了。当对方为了迁就你而变成一个面目全非的人时,也是你们的爱情走到尽头的时候了。

心灵鸡汤

　　爱是适应对方,而不是改变对方。我们在恋爱时,总会发现对方身上的一些与自己步调并不一致的地方,我们总是试图去改变。但是,不要忘了,我们爱的,应该是原来最单纯的那个人,而不是被你改造过后的人。

恋爱"保鲜"才能持久甜蜜

　　我们在提起爱情时，总会用"地久天长"、"海枯石烂"之类的词语来修饰它。但是据专家称，人类的爱情保鲜期只有30个月，这真是个听起来让人沮丧的信息。面对着这个冰冷的数据，再对照现实，爱情保鲜也成了不可回避的话题。

　　《大话西游》中有一段经典的台词："曾经有一份真挚的爱情放在我面前，我没有珍惜。等到失去的时候我才后悔莫及，人世间最痛苦的事莫过于此。如果上天能够给我一个再来一次的机会，我会对那个女孩子说三个字：我爱你。如果非要在这份爱上加上一个期限，我希望是……一万年！"

　　当年这段感人肺腑的爱情誓言，曾让多少人热泪盈眶。很多年过去了，当我们再怀念这份天长地久的爱情时，却发现，现实生活中，爱情的保鲜期大大缩短。

　　随着经济社会的发展以及环境的不断变化，现代人的婚姻、爱情观也随之改变。社会大众对爱情以及婚姻、责任的意识也逐渐变淡，尤其面对今天居高不下的离婚率以及由此产生的情感危机，爱情保鲜成了一个经久不衰的话题。

甜蜜恋爱也要有点"小心理"

　　对爱情保鲜理论做研究的专家称，爱情是由大脑中的一种"化学鸡尾酒"激发出来的，这些化学物质包括多巴胺、苯乙胺等。时间久了，即使是最容易对异性产生冲动情绪的人也会对这些化学物质产生抗体，两年以后，它们的作用便失效了。一旦这些化学物质失效，爱情便进入了倦怠期。

　　如何对抗这种倦怠期，让自己的婚姻、爱情持续下去，就成了人们关注的一个问题。

　　爱情的保鲜，除了相互之间的信任和责任感之外，最重要的是增加彼此之间的爱，而这其中有很多的奥秘。

　　在爱情保鲜理论盛行时，专家指出了一个解决爱情失衡的方法，就是要随时真诚地表达出自己的爱情宣言。中国人的性格相对保守、含蓄，不善于表达，这在爱情和婚姻中是一种大忌。专家指出，爱情保鲜的方法之一，就是向你爱的人勇敢表达自己的爱，爱需要行动证明，但也需要用语言表达。过了热恋期的人，往往疏于说出自己的爱情宣言，在现实生活中，这种情绪表达的缺失往往会让爱情的味道慢慢变淡。此外，培养共同的爱好，寻找共同的话题是让爱情持久的很好的方法之一。

　　在娱乐圈，爱情的保鲜问题似乎是个麻烦的话题。但是好莱坞的"万人迷"约翰尼·德普与凡妮莎·帕拉迪丝十几年的恩爱却羡煞旁人。凡妮莎·帕拉迪丝在接受采访时称，两人维持爱情新鲜度的方法很简单，就是爱、尊重与耐心。除此之外，德普还向记者传授了一个很受用的爱情保鲜术，就是培养共同爱好，增进彼此的沟通。两人在生活中有一个共同爱好，就是看黑白老电影。平时，只要有时间，两人就会找来一些早期的电影明星拍的电影看，诸如亨弗莱·鲍嘉、劳伦·白考尔以及阿兰·德龙之类。在看电影的同时，两人会相互交流彼此的看法，以及讨论由此引申出的各种话题。在轻轻松松的娱乐休闲中，两人的爱情也得到了升华。

在爱情中，沟通是一个很重要的环节。相爱的两个人，要学会参与彼此的生活，在沟通中不断了解对方的变化。如果两个人失去了交流的欲望，爱情自然也就走到了尽头。

影星罗嘉良曾经被认为是娱乐圈中好男人的楷模，他与妻子方敏仪几十年相濡以沫的爱情曾经感动过很多人。但是，遗憾的是，两个人最终走到了婚姻的尽头。

罗嘉良在采访中称，由于两个人属于不同的行业，彼此交集甚少。再加上工作繁忙，两人之间的沟通渐渐减少。后来，罗嘉良事业重心转往内地，与方敏仪之间聚少离多，感情也逐渐变淡。有时两人在家整天不说话，连和儿子的亲子活动都是各自进行，甚至连吵架都觉得多余。日积月累，两个人的生活出现错位，并最终走到了婚姻的尽头。

其实，随着时间的推移，感情变淡实属正常。如果两个人能相互沟通，彼此了解，再重新认识对方，很容易找回昔日甜蜜的感情；但如果彼此不再沟通，就很容易走到关系崩溃的边缘。

此外，爱情保鲜术中有一个很微小的细节，就是不要放弃对自我的经营。在相处的过程中，要保持自我的个性，不断地做一些小的变化，来让对方对自己产生新鲜感。其中，"人为悦己者容"是一个很好的选择，这里的"容"，不单单是指形象上的经营，还包括自我魅力的提升。不要以为时间久了，形象问题就不重要了。做一个永葆青春活力的人，让你爱的人每次见到你，都能发现一些新鲜感，这也是爱情长久的秘籍之一。

在当今的理论研究中，爱情具有保鲜期似乎已经从各个方面都得到了印证。需要爱的我们，在与这个规律相抗衡的斗争中，要以全部精力来为自己的爱情保鲜作出努力。

人类在爱中不断繁衍、成长、进步，爱对于我们的重要性不言而喻。爱情是转瞬即逝的东西，如果不懂得珍惜和经营，就很容易失去。

怎样让爱情永葆新鲜？爱情里从来没有一劳永逸，它需要你付出百分百的努力来经营，只有用心去体会，才能让爱在平凡的生活中细水长流，才能收获天长地久的爱情。

心灵鸡汤

爱情和人类其他的情感一样，是需要经营呵护的。没有一成不变的相处，也没有一劳永逸的爱情。在爱情面前，我们都要学会做一个聪明的经营者，不要在岁月消磨了爱情之后，再葬送属于我们自己的幸福。

克服婚前恐惧

在《围城》中，钱钟书曾经对婚姻作过形象的比喻："婚姻就像围城，外面的人想进来，里面的人想出去。"而在即将要进入"围城"的人群中，婚前恐惧症是一种很常见的现象。

婚姻是一件神圣的事，面对着一份成熟感情，婚姻是一种承诺。能够作出这种承诺的人，都应该经过了深思熟虑。

但是，即使是能理智作出婚姻承诺的人，在婚前也会产生一种恐惧。这个被称做婚前恐惧的现象，主要表现为对未来的不确定。

恋爱是自由的，但婚姻却存在着一种责任。面对这种角色、生活方式的变化，面对即将到来的婚姻，即将结婚的人，总会有一丝犹疑与恐惧，对自己的未来产生一种捉摸不定、莫名其妙的忧虑。

20世纪90年代末，一部名为《落跑新娘》的好莱坞电影让人记忆深刻。影片中由好莱坞大嘴美女茱莉亚·罗伯茨饰演的年轻女子玛琪，因婚姻恐惧症而几度逃婚，成为名副其实的"落跑新娘"。

纽约时报的专栏记者艾克，在酒吧中无意听说，在马里兰州的一个小镇上，有一个名为玛琪的女子，曾经三次在婚礼中扔下新郎落荒而逃。艾克为了把这个话题写成专栏，来到了玛琪所在的小镇上。

玛琪在大学时，母亲去世，父亲开始酗酒。玛琪不得不中断学业，回家打理店铺生意。在这种环境中成长的玛琪，对人生充满了迷茫。面对着即将来临的幸福，玛琪总是在最后的一刻仓皇而逃。正是这一次次匪夷所思的行径，让玛琪成了镇上的名人。

在与艾克相处的过程中，玛琪对婚姻的恐惧尽显无疑。她说："每次在婚礼中走向教堂，总是觉得对面站着一个并不了解的人。所以，逃跑成了最好的选择。"但是，最终艾克的一番话消解了玛琪对婚姻的恐惧。艾克说："我肯定将来会有不如意的时候，也许我们俩其中一个想分手。但我肯定如果现在不向你求婚，我会遗憾终生。因为我很清楚，在我心里只有你的存在。"

玛琪之所以成为落跑新娘，是因为迷茫让自己对未来产生了不确定，在每次爱情即将开花结果的时候患得患失，即使无法说清楚到底在恐惧什么，也总是以逃婚了事。

"并不是我总把孤单当成习惯，未来并不如想象中简单。"刘若英同样以《落跑新娘》的歌曲来表达在爱情和未来面前退缩的心情。

现实中的婚前恐惧者，也许不会像电影中戏剧性地在婚礼上逃脱，但对未来的恐惧依旧存在。

俄国文学巨匠托尔斯泰也曾有过婚前恐惧症的经历。

1862年，托尔斯泰与故人之女索菲亚一见钟情，并很快向索菲亚求婚。尽管求婚的过程很顺利，但是沉浸爱河的托尔斯泰却因为害怕失去爱情而产生恐惧，他在日记中写道："在结婚这一天害怕，不信任，想跑。"在他们结婚的当天，托尔斯泰找到索菲亚说："我配不上你。你不可能愿意和我结婚。这一切可以停止和挽回，还来得及。" 索菲亚极力安慰托尔斯泰，才安抚了他紧张的神经，使婚礼得以如期举行。

其实，在现实生活中，婚前恐惧是一种正常的情绪。一般来说，有这样几种人容易产生婚前恐惧：一是缺乏责任感的人，这种人个性不成熟、依赖性强，对未来生活以及自己能力的不确定，让他们对即将到来的婚姻生活焦虑不安；二是过度敏感者，这类人因为在情感上遭遇过挫折，或是受父辈不好的情感经历的影响，会对即将到来的婚姻产生一种怀疑；三是过度渴求自由的人，这种人在婚前过惯了无拘无束的日子，他们害怕结婚之后，被婚姻束缚住了自我，人生失去了应有的快乐。

对于婚前恐惧，应该学会放松心态。留一段充足的时间来进行自我调整。对于自己心中的远虑近忧，应该坦然面对。

都说进入婚姻后，爱情便进入倦怠期。其实，人们应该抱着一种平和的心态来看待爱情。激情不可能是永远的，燃烧过后沉淀下来的，应该是对婚姻的责任和爱。纵然随着时间的流逝，激情会变淡，但爱不会。

具有婚前恐惧心理的人们，应该学会正确地理解婚姻。虽然婚姻中有很多责任，但那只是我们甘愿为属于自己的爱情所承担的甜蜜的负担。婚姻从来不是牢笼，它只是让相爱的人在一起，彼此依靠，相互照应，相互依赖。

不论是谁，都应该以良好的心态来面对婚姻，并以乐观的心态来迎接即将到来的婚姻生活。对于即将走入婚姻的人来说，未来开启了新的一页，没有人能预知未来如何，与其在焦灼中仓皇度日，倒不如放松心态，好好享受自己拥有的每一个幸福时刻。对于那些没有经历的未知，我们应该抱着美好的心态去迎接。

　　婚姻是人生中最美好的生命历程，相信爱情的人，也应该以同样的信心面对即将到来的婚姻。对自己、对所爱的人、对未来，都多一份信任，多一份坦然，婚前的恐惧情绪自然会消失，我们对未来也自然会产生一种勇气。毕竟，面对着自己爱的人，即使将来有重重困难，也会多了一个人与你分担。

　　未来无法预知，我们要学会勇敢、乐观地面对。婚姻也是一样——拥有了对未来的坚定信念，我们就能克服一切困难，迎来自己幸福的人生。

心灵鸡汤

　　婚姻从来不是爱情的坟墓，它是对我们美好爱情的一种承诺与祝福。在爱情面前，放弃对未知的恐惧，与最爱的人走入"围城"，置身于婚姻殿堂，一起面对人生的风雨，用信心去呵护爱情，用爱去经营婚姻，幸福生活不就变得很简单了吗？

信任，是婚姻稳固的基础

现代婚姻中，人们遭遇重重信任危机。本是两个相爱的人，却因为彼此的不信任，让婚姻面临着崩溃的危机。遭遇危机的人应该明白，婚姻是一座城堡，要维持城堡的稳固，信任是必不可少的环节。

2003年，冯小刚导演的电影《手机》，曾一度让"信任危机"成为一个高度流行的话题。

《有一说一》的著名主持人严守一在上班时将手机忘在了家里。妻子无意中发现了严守一的出轨，因而提出离婚。离婚后的严守一，结交到了新女友——戏剧学院的台词课老师沈雪。但同样是因为手机，让沈雪和严守一的感情也走到尽头。

随着情节的不断发展，人物一一登台。不变的是，在以"手机"为线索而不断发展的剧情中，充满了猜疑与不信任。

严守一的人生是源于生活、高于生活的剧本创作，然而，实际生活中，婚姻危机的戏码也正一一上演，且有愈演愈烈的趋势。

走进"围城"的人们，在憧憬幸福未来的同时，也无意中将婚姻经营成了易碎的瓷器。一个幸福的婚姻，夫妻双方的信任，是最基础

的条件，只有彼此信任，互不猜疑，才能让婚姻之路越走越宽。

洛洛在今年走入了婚姻的第三个年头，但是，这场在众人看来幸福甜蜜的婚姻，却已经到了即将解体的边缘。

洛洛是一家公司的公关部经理，平时应酬很多。丈夫李辉是一个公务员，平时工作朝九晚五。婚姻初始，两人的感情很好，随着时间的流逝，生活趋于平淡，两个人的爱情似乎也变淡了许多，再加上洛洛的工作越来越忙，两人之间开始出现矛盾。

平时，洛洛只要晚一点回家，或者是某个男同事送她回来，李辉总会疑神疑鬼，反复盘问半天，恨不得洛洛将所有的细节都向他一一汇报。

周末在家的时候，只要洛洛的手机一响，李辉总是追问谁打来的，找她有什么事。几次三番，洛洛很委屈，总觉得丈夫对她不信任。但是，李辉的盘问并没有随着洛洛的抱怨而有所减少，反而变本加厉。

洛洛试图安抚丈夫的情绪，把自己内心的话讲给丈夫听。洛洛要丈夫相信自己，自己只爱他一个人，但洛洛的话没有得到丈夫的信任。

终于，在一次加班晚归之后，一个男同事送洛洛回来。李辉面对妻子的同事，脸色极为难看，让洛洛很没面子。送走同事，洛洛和丈夫爆发了一次大的冲突。在争吵中，两人开始考虑起这个充满猜疑的婚姻究竟还有没有存在的价值。

洛洛的婚姻面临危机，是丈夫李辉的一种极度不自信造成的。在两人的婚姻中，工作出色的洛洛成了强势的一方，丈夫的独守空房，让其对妻子的社交环境产生了一种怀疑，从而变本加厉地监视，这实际上是因为害怕失去而产生的一种错位心理。而正是这种错位心理的滋生，最终导致了其婚姻的崩溃。

不信任，是伤害婚姻的最大利器。两个互不信任的人，失去了沟通的基础，也丧失了对未来的信心。

处于婚姻中的人们，面对产生的信任危机，应该学会主动去修复。没有哪桩婚姻是一帆风顺、毫无波澜的，我们在一路的磕磕绊绊中，应该学会去体谅、相信对方。夫妻双方，不要忽视了彼此的沟通，在沟通的基础上相互了解，才能让对方产生信任的基础。

结婚前夕，乐欣拿着一份"结婚条约"要求李伟签字，李伟看后哭笑不得。条约的大致内容是："婚后双方要忠于婚姻，忠于对方，不得背叛。违约的一方要按规定做出相应的补偿。"李伟说："夫妻之间的信任怎么能靠一张纸来约束呢？"但是乐欣的回答却是："不就是签个字吗？要是你没有背叛的心，有什么不敢签的？"无奈之下，李伟只得签字。

其实，类似这样的条约在年青一代中很常见。很多人认为，在婚前将事情讲清楚，有助于在婚姻生活中的和平相处。但是，婚姻专家指出，两个人走在一起缔结婚约，靠的是对彼此的爱和信任。乐欣拿出的这一份条约，不仅对婚姻的牢固度于事无补，还会让彼此的感情产生嫌隙。因为一份真正的感情，是不需要用任何形式的外物去束缚的。

对爱情和婚姻多一份信任，才能让爱在足够的空间中滋长。

罗家英和汪明荃的爱情故事，在娱乐圈中是一个传奇。

汪明荃和罗家英多年的爱情长跑终于到达终点，二人走进了婚姻的殿堂。虽然彼此之间不再是青春年少时狂热的爱恋，但是人到暮年的相依相伴，却让这对夫妻的爱情在细水长流中多了一份更让人依赖的感情。对于两人多年的爱情保鲜秘诀，罗家英的回答是双方之间的信任。毫无条件的信任让彼此的生活充满新鲜感与期待感，男人多一些责任感，女人多一点理解与宽容，爱情便固若金汤了。

罗家英提到的责任感、理解与宽容，正是有助于婚姻信任的强心剂。婚姻中的绝对信任，是一种能力，是一种智慧，也是每一个走入或即将走入婚姻的人所必不可少的心态。

有的时候，不要去问为什么，给对方足够的空间和信任，才会换回对等的情感报答。爱情有各种各样的模式，但一桩稳固的婚姻，信任却是其唯一的基石。只有拥有了信任，其他因素才能在此基础上得到延伸。

既然选择了彼此作为人生的伴侣，就应该百分百地投入。相信对方，也相信自己的选择不会错。

心灵鸡汤

婚姻牢固的基础就是彼此之间的相互信任。相信一个人，才能毫无保留地去爱。空穴来风与神经质地怀疑，只能让彼此的关系愈加脆弱。身处婚姻中的人，应该学会去相信爱情、相信对方，这样才能换来长久的幸福。

吵架，也要讲究技巧

没有争吵的婚姻几乎是不存在的。在漫长的相处中，我们总会有磕磕绊绊的时候。在承认这个规律和现象的同时，什么样的吵架技巧最适用，才能不伤害感情，这是值得我们去琢磨的问题。

俗话说"吵架没好话"，出现争执的人，为了说服对方，往往无所不用其极。处于情绪极端的人，往往会让一些不经大脑的话脱口而出，结果不但自己落不下什么好处，还伤害了对方的感情。

夫妻吵架的学问很多，有些方面必须要注意。

首先，不要非得争出谁对谁错。夫妻吵架不是做数学题，一定有个对或错，有的时候，可能双方在你来我往的语言争论中都有不对的地方。即使你处于上风，也千万不能一味地逼迫对方认错。要记住，爱情往往是重情分胜于重道理。

其次，要学会给对方台阶下。夫妻之间的吵架，往往只是一种气头上的争执，要懂得在适当的时候给对方台阶下。俗话说，见好就收，如果一味地纠缠不休，只会给双方带来更大的伤害。

吵架的双方，要明白吵架的最终目的，是要解决问题，避免无谓的争吵是停止战斗的好办法。比如对方说"你太自私了，"你所作的回答，不是让问题更纠结的"你才自私呢"之类的话，而是应该问明对方为什么会这么说。只有找出彼此的吵架点，找出问题所在，才能尽快停止争吵。

在这里为大家讲一个在网上流传的笑话。在列举某言情剧中的经典桥段中，这样的一段台词被收录其中。

男：对，你无情你残酷你无理取闹！

女：那你就不无情？！不残酷？！不无理取闹？！

男：我哪里无情？！哪里残酷？！哪里无理取闹？！

女：你哪里不无情？！哪里不残酷？！哪里不无理取闹？！

男：我就算在怎么无情再怎么残酷再怎么无理取闹也不会比你更无情更残酷更无理取闹！

女：我会比你无情？！比你残酷？！比你无理取闹？！你才是我见过最无情最残酷最无理取闹的人！

男：哼，我绝对没你无情没你残酷没你无理取闹！

女：好，既然你说我无情我残酷我无理取闹，我就无情给你看残酷给你看无理取闹给你看！

男：看吧，还说你不无情不残酷不无理取闹，现在完全展现你无情残酷无理取闹的一面了吧！

这段在网上高度流传的台词固然是在诟病其中的文字素养，但是，我们在玩笑、娱乐的同时，也应该体会到其中另外的含义。一个旨在控诉对方而不是解决问题的吵架，只会让彼此的感情裂痕加大，而对问题本身的解决于事无补。

爱情中的两人，在争端渐起时，切忌翻对方的旧账。翻旧账只会让对方的怒火越来越大，并引起新的一轮不必要的争吵。

晓敏和丈夫每次吵架，总会筋疲力尽。有时候，只是一个小小的问题，两人最后也会吵得天翻地覆。原因很简单，夫妻两个人都是很容易翻旧账的人。

比如最近的一次吵架。上个礼拜，因为天气炎热，晓敏告诉丈夫，通知负责空调维修的人来修一下家里坏了的空调。出差一礼拜后回家的晓敏，发现空调还是坏的，于是质问丈夫，丈夫说忘了。晓敏因为天热不能忍受，就抱怨了几句，说丈夫总是这样，什么事都不放在心上。丈夫听了很委屈，觉得小敏是借题发挥，以表达对自己的不满。于是丈夫便随口问："我什么时候什么事不放在心上了？"晓敏一听便急了："上次我让你修家里的电器也是，最后还不是我自己找人修的。"丈夫听了很生气，说："那我那次让你干的事你不也是一样忘了，凭什么只说我？要是这样说，咱们就好好说说，谁才是真正不把这个家放在心上。"

于是，喋喋不休的嘴仗开始了，两个人从婚姻初始的问题开始说起，直到吵得不可开交，最后谁也不能说服谁，气鼓鼓地结束了战争。

看似微不足道的一件小事，却能吵到翻天覆地，可见吵架本身的不理智性。

此外，在吵架中打断对方也是一种火上浇油的行为。你如果频频打断对方，很容易激起对方的怒气，此时再想解决问题就是难上加难。一个聪明的人，应该学会冷静地听完对方的话，然后针对对方的陈述作出自己的解释。

在吵架的技巧中，还要学会一种修复的能力。吵架不是目的，而是为了沟通。在经过一番吵架之后，无论运用怎样的技巧，都难免伤害到对方的感情。这时，学会适当的服软或是安抚，让彼此情绪宣泄后得到一种安慰。

学会有技巧地吵架，而不是一味地宣泄自己的情绪，才能让彼此的感情在争吵中越加甜蜜、稳固。

当然，不管怎么说，频繁吵架毕竟是一件太伤害感情的事，无论掌握了多精准的技巧，都不可避免地会伤害到对方。所以，做一个善于化解矛盾、有智慧的人，学会宽容地看待彼此之间的争吵，学会在适当的时候控制自己的情绪，才能让彼此的感情更加稳固。

在不可避免的争吵中，善于运用种种智慧来化解对方的怒气，能在不伤害对方的前提下解决问题的人，才是生活的智者和情感的赢家。

俗话说得好："夫妻没有隔夜仇，床头吵架床尾和。"在婚姻生活中，偶尔的吵架不但不会影响夫妻之间的感情，还会让双方的感情更融洽。有时候，夫妻之间的吵架并不是为了分出对错，也不是为了决出胜负，而是为了让彼此更清楚地了解对方的情绪。在吵架的过程中掌握一定的技巧，在生活中不断挖掘自己的智慧，用自己独有的方法去维护我们的情感，就会让婚姻生活在吵来吵去中得到升华。

　　摒弃盲目的伤害彼此感情的吵架方式吧，那样不但你们的问题解决不了，还可能让你们的婚姻走到尽头。只要你掌握了吵架的技巧，是可以巧妙地让感情越吵越甜蜜的。

心灵鸡汤

　　沉浸在恋爱中或是已经结婚的双方，随着接触频率的增加，免不了有磕磕绊绊的时候。即使不得不吵架，也应该学会一定的技巧，把架吵出水平。这里所谓的"水平"，是指让这些不可避免的摩擦成为彼此感情的润滑剂，而非爱情的杀伤性武器。

失恋不是世界末日

失恋从来不是一件可怕的事。拥有过爱情的我们，在失去它的时候，一定要怀有一种健康的情绪。失恋只是我们结束一段并不适合自己的爱情而已。分手不是世界末日，只要你还拥有爱的能力，总有适合你的姻缘在等着你。

爱情是这个世界上最美好的感情之一。深陷热恋中的我们，在享受着爱情带来的甜美时，当然不会也不愿意去想象失去它的后果。但可惜的是，并不是所有的爱情都能从开始走到最后，不论当初多么美好，也许终有一天，它会戛然而止。失恋，成了爱情路上最让人胆怯的事。

失恋后的人，往往会心力交瘁，陷入迷茫。有的人失恋后仍旧对抛弃自己的人一往情深，他们往往不愿意承认分手的事实而自欺欺人，活在对以往爱情的幻想和回忆中。这样的人，会长时间生活在自我的世界里而不能自拔，从而让自己的生活陷入一片泥泞之中。

也有的人，分手之后很容易产生暴躁的情绪，进而产生报复心理。这样的人，会愤世嫉俗地怀疑爱情以及一切，而最终的结果，也只是让自己的生活陷入悲剧。

其实，无论分手的原因是什么，这些极端情绪都是不可取的。我们谈恋爱不外乎有两种结局：一是在恋爱后发现彼此情投意合，最终幸福地走入婚姻殿堂；二是在相处的过程中发现彼此不适合而分手。这两种结局都很正常，无论是哪种，我们都要提前做好心理准备，冷静地面对。

失恋之后，我们应该要做好自我心理建设。因为，分手不见得是自己不好，有时候只是两个人不适合而已。

我们相遇、相恋，在相处的过程中，相互了解，如果发现不合适，分开是最好的选择。著名作家亦舒在关于婚姻的论述中曾经说过："二十多岁，结识异性，来往余年，结婚，是很正常的行为。往后十年、二十年、三十年的机遇，凭运气罢了，那人工作上可有出息，那人可会沦落、吸毒、酗酒、嗜赌；那人才貌出众，但却偏偏变心，都是不可预料。哪个少女会有通天眼？"同样，在谈恋爱时，无论是发现真的彼此不合适，或是遇人不淑，都不要抱怨，要勇于为自己当初的选择承担后果。

失恋后，有失落的情绪是可以理解的。但是，凡事有度，不要一味地沉浸在失恋的哀伤和苦闷中，从而影响到自己的正常生活。要相信，时间是治疗失恋最好的特效药。要试着去多参加一些活动，或是出去和朋友聚聚，将自己的注意力转移到其他的事情上去。也可以找一个可以信赖的人，亲人或是朋友，将自己心中的苦闷倾诉出来，帮助自己释放不好的情绪，有利于心理的恢复和重新建设。

即使真被别人甩了也没什么，不要自卑，不要死缠烂打，要知道强求的爱情是不会有好结果的。既然曾经爱过，就要学会在结束的时候放过对方，也放过自己。要坚信，自己只是失去了一个不爱自己的人，并不可惜。只要心中有爱，一定会遇见真正属于自己的爱情。

据专业人士研究指出，失恋实际上并没有我们原本担心的那样令人心碎。不仅最初分手的感觉没有我们想象的那么强烈，恢复的时间也远比我们想象的要短。突然结束或长或短的恋爱关系，虽然不是几天就能恢复的事，但请记得，我们终究会有站起来的一天。

对于失恋者到底应该怎样做，就让著名哲学家苏格拉底与失恋者的一番对话来指引我们吧。

苏格拉底："孩子，你为什么悲伤？"

失恋者："我失恋了。"

苏格拉底："哦，这很正常。如果失恋了没有悲伤，恋爱大概也就没有什么味道了。可是，年轻人，我怎么发现你对失恋的投入甚至比你对恋爱的投入还要倾心呢？"

失恋者："到手的葡萄给丢了，这份遗憾，这份失落，您非个中人，怎知其中的酸楚啊？"

苏格拉底："丢了就丢了，何不继续向前走去，鲜美的葡萄还有很多。"

失恋者："我要等到海枯石烂，直到她回心转意向我走来。"

苏格拉底："但这一天也许永远不会到来。"

失恋者："那我就用自杀来表示我的诚心。"

苏格拉底："如果这样，你不但失去了你的恋人，同时还失去了你自己，你会蒙受双倍的损失。"

失恋者："您说我该怎么办？我真的很爱她。"

苏格拉底："真的很爱她？那你当然希望你所爱的人幸福？"

失恋者："那是自然。"

苏格拉底："如果她认为离开你是一种幸福呢？"

失恋者："不会的！她曾经跟我说，只有跟我在一起的时候，她才感到幸福！"

苏格拉底："那是曾经，是过去，可她现在并不这么认为。"

失恋者："这就是说，她一直在骗我？"

苏格拉底："不，她一直对你很忠诚的。当她爱你的时候，她和你在一起，现在她不爱你，她就离去了，世界上再也没有比这更大的忠诚。如果她不再爱你，却要装作对你很有感情，甚至跟你结婚、生子，那才是真正的欺骗呢。"

失恋者："可是，她现在不爱我了，我却还苦苦地爱着她，这是多么不公平啊！"

苏格拉底："的确不公平，我是说你对所爱的那个人不公平。本来，爱她是你的权利，但爱不爱你则是她的权利，而你想在自己行使权利的时候剥夺别人行使权利的自由，这是何等的不公平！"

失恋者："依您的说法，这一切倒成了我的错？"

苏格拉底："是的，从一开始你就犯错。如果你能给她带来幸福，她是不会从你的生活中离开的，要知道，没有人会逃避幸福。"

失恋者："可她连机会都不给我，您说可恶不可恶？"

苏格拉底："当然可恶。好在你现在已经摆脱了这个可恶的人，你应该感到高兴，孩子。"

失恋者："高兴？怎么可能呢，不过怎么说，我是被人给抛弃了。"

苏格拉底："时间会抚平你心灵的创伤。"

失恋者："但愿我有这一天，可我第一步应该从哪里做起呢？"

苏格拉底："去感谢那个抛弃你的人，为她祝福。"

失恋者："为什么？"

苏格拉底："因为她给了你忠诚，给了你寻找幸福的新的机会。"

如果你正面临失恋，请不要悲伤，也不要气馁，不妨换个角度思考：你错过的也许只是春天里的一朵小花，你仍拥有整个春天。

心灵鸡汤

失恋不是世界末日，它只是你重新出发去寻找爱的一个驿站而已。失恋时，请不要失去自己的自信。他不爱你，不是你不够优秀，只是因为你们不合适。失恋后，请祝福他。因为两个人相遇并不容易，即使分开也要祝对方找到属于自己的幸福。